愛犬精選

蝴蝶犬教養小百科

和深受貴婦喜愛的蝴蝶犬
一起快樂地生活

監修●宮家 昭　攝影●中島眞理
審訂●朱建光　翻譯●高淑珍

序

誠如「Papillon」在法語中是「蝴蝶」的意思一樣；蝴蝶犬以一雙滿是華麗裝飾毛的大耳，呈現如蝶舞般的優雅姿態，贏得廣大群衆的支持與喜愛。

蝴蝶犬的祖先爲長毛垂耳犬，生性機靈、順從且活潑開朗，擁有健全的骨骼與四肢，加上儀態高雅，具有歷久不衰的人氣指數。

蝴蝶犬的適應能力很強，不管是氣候的變化或多頭飼養，都不會造成太大的困擾，可說是小型犬中非常容易飼養的犬種。

此外，蝴蝶犬的繁殖成功率頗高。日本的繁殖業者原本都由瑞典或英美各國輸入品質優良的狗狗，以此爲基準繁育出絕佳的品種。但到了現在，日本出產的蝴蝶犬，卻以海外交流之姿進軍世界各國，博得衆人的好評。這幾年日本所繁殖的蝴蝶犬品質，堪稱世界第一呢！

希望經由本書，讓飼主們更加了解善解人意，且被視爲賞玩犬的蝴蝶犬的種種特質。

宮家　昭

蝴蝶犬教養小百科

CONTENTS

Elegant Papillon

序……2

披上纖細絲質外衣姿態優雅的蝴蝶犬……6

FILE1 飼養蝴蝶犬的建議……12

第1章 氣質高雅的蝴蝶犬

法國宮廷貴婦十分寵愛的蝴蝶犬……14

很喜歡和人在一起的蝴蝶犬適合養在室內……16

個性開朗又十分聰慧的蝴蝶犬……18

小型犬中聰明絕頂的蝴蝶犬……20

伴侶犬中最強健的蝴蝶犬……22

毛色變化繁複的蝴蝶犬……24

氣質高雅的蝴蝶犬之人氣秘密……26

FILE2 飼養蝴蝶犬的建議……30

第2章 讓幼犬習慣新的環境

想要養狗必須確定最低限度的花費……32

購買幼犬時要親自確認選購……34

即使是兄弟犬還是有不同的個性……36

幼犬來之前要做萬全的準備……38

初來的十幾天幫幼犬適應新環境……40

從幼犬期就讓牠習慣被人撫摸身體……42

飼養兩隻以上的狗狗要一視同仁……44

FILE3 飼養蝴蝶犬的建議……46

CONTENTS

第3章 蝴蝶犬的成長過程與正確教養法

每一個成長過程的飼養重點……48
蝴蝶犬好奇心重，要留意摔落意外……50
進入成熟期後可進行絕育手術……52

FILE4 飼養蝴蝶犬的建議……54

第4章 吃飯的餵法與教養的方法

參考體重與運動量決定適當的食量……56
食道纖細適合顆粒小的狗糧……58
想換狗糧時要慢慢混入新的產品……60
吃飯的教養……62

FILE5 飼養蝴蝶犬的建議……64

第5章 消除壓力的運動與散步的方法

使用細牽繩才不會傷害皮毛……66
夏天與冬天的散步時間並不相同……68
散步的規矩與教養的方法……70

Gorgeous Papillon
一雙宛若蝴蝶般的立耳—姿態優雅的蝴蝶犬……72

FILE6 飼養蝴蝶犬的建議……78

第6章 健康管理與需要注意的疾病

健康管理需配合季節變化……80
儘量讓牠舒適地度過餘生……82
準備狗狗專用急救箱以備不時之需……84
選擇風評良好的獸醫……86
雖然身強體健還是要注意的疾病……88

FILE7 飼養蝴蝶犬的建議……90

第7章 讓狗狗變聰明的訓練與教養方法

教狗狗認識人類社會的規矩……92
飼主應成爲能讓狗狗信賴的領導者……94
決定家裡的規矩……96
讓狗狗乖乖待在狗屋的教養……98
如廁的教養……100
等一下和過來的教養……102
坐車時的教養與規矩……104
看家的教養方法……106

Cute Papillon

● 舞姿曼妙輕快——俏麗的蝴蝶犬……108
JKC（日本育犬協會）的犬種標準……114

第8章 隨時隨地閃閃動人的簡易整理法

體味少容易整理的蝴蝶犬……116
選用不會傷害皮膚的用具……118

小心修剪腳掌肉墊的雜毛……122
每個月洗兩~三次澡……124
眼．耳．爪．齒的照顧……128

● 加入俱樂部尋找蝴蝶犬的同好……130

第9章 發情．交配與懷孕．生產的正確知識

以正確的知識擬定生育計畫……132
仔細觀察懷孕母狗的身體變化……134
從陣痛到生產……136
幼犬可以先交給母狗照顧……138
長乳牙後準備斷奶……140
幫幼犬找到合適的新主人……142

Elegant Papillon

披上纖細絲質外衣

姿態優雅的蝴蝶犬

攝影　中島眞理

等我長大以後，也會有像媽媽一樣漂亮的大耳朵吧！

宛若蝴蝶翩然起舞的耳朵，是最迷人的重點呢！

這是我們最引以自豪的長耳裝飾毛，也是優良的血統喔！

Elegant Papillon

披上纖細絲質外衣

姿態優雅的蝴蝶犬

吃飽睡、睡飽吃……這正是幼犬生活的寫照。

「別客氣！讓我幫
你舔乾淨……」

今天要玩甚麼呢？

「我們今天去遠一點的地
方玩，好不好？」

雖然有自己的玩
具，但還是覺得咬
拖鞋比較有趣！

Elegant Papillon

披上纖細絲質外衣

姿態優雅的蝴蝶犬

有個氣味熟悉的東西在身邊，
讓幼犬覺得很安心。

對於初次看到的東西，先用眼睛和耳朵觀察。

有沒有甚麼好玩的事啊……?!

「不要一直在這裡睡懶覺……一起出去玩啦！」

「別鬧了……我好想睡覺啦！」

飼養蝴蝶犬的建議

FILE1

心情不好時會安慰你的可愛狗狗！

北海道　上垣里奈

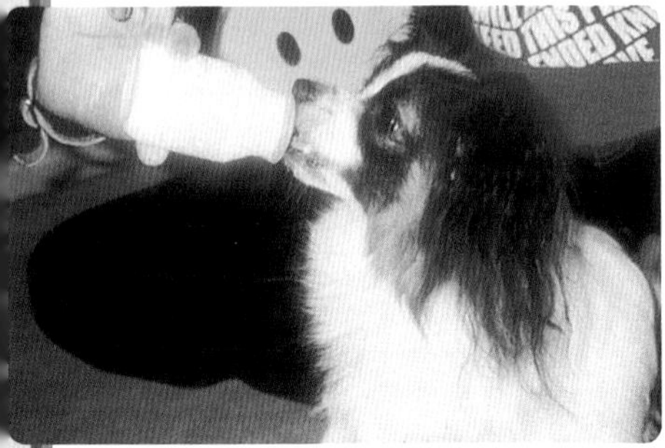

不能再喝ㄋㄟㄋㄟ了啦！
你已經長大囉！

擁有一臉天眞浪漫
氣息的小呂茲。

我家的呂茲
公狗・2歲5個月大

睡得十分香甜
的小呂茲。

眉頭深鎖，似乎正在思考的樣子。

因爲喜歡動物的妹妹，跟我說想要飼養之前在寵物店看到的蝴蝶犬，加上雜誌上也介紹這種狗狗很好養，我才會飼養蝴蝶犬。我家的蝴蝶犬每天都和我們快樂地生活在一起；每當我傷心哭泣時，牠會馬上過來舔我的眼淚安慰我。牠平常都在室內自由活動，但因北海道天寒地凍，我會在牠的狗窩裡鋪上毯子讓牠取暖。平日要注意不要隨便餵牠吃人的食物，還要每天幫牠刷毛，否則牠耳朵的裝飾毛容易起毛球。散步的話，一天約二十分鐘即可；等放假時，再帶牠去大公園奔跑。剛開始飼養時，規矩教養與爪子的修剪，都比較花時間。牠還有喜歡把玩衣服或把狗糧撒得滿地的壞習慣。重要的是，全家人用相同的態度去教養牠，讓狗狗明白哪些事是對的、哪些事是錯的。

第1章

氣質高雅的蝴蝶犬

蝴蝶犬以凡爾賽宮爲舞台，成爲許多宮廷貴婦的伴侶犬。

第1章

法國宮廷貴婦十分寵愛的蝴蝶犬

瑪麗・安東尼、龐巴度夫人等貴婦鍾愛的犬種。

凡爾賽宮的人氣寵物蝴蝶犬

一雙大耳朵看似翩翩起舞的蝴蝶犬，以獨特的華麗貴氣風靡了十七～十八世紀的法國宮廷。

「Papillon」在法語中是「蝴蝶」的意思，蝴蝶犬不僅深受路易十四的寵愛，更是路易十五的愛人龐巴度夫人，以及路易十六的愛妃瑪麗・安東尼鍾愛的犬種。這時的蝴蝶犬擁有絕佳的人氣，是貴族們競相追逐，幫牠精心打扮的好夥伴。

蝴蝶犬的華麗與貴氣，成爲宮廷貴婦肖像畫不可欠缺的素材。在宮廷畫家的畫作裡，經常可以看到裝扮華麗的貴婦與十分優雅的蝴蝶犬，相互輝映的景象。

身價昂貴的小型長毛垂耳犬

蝴蝶犬的祖先爲原產於西班牙，被稱爲小不點長毛狗的小型長毛垂耳犬。

一雙大耳朵看似翩翩起舞的蝴蝶，故稱爲蝴蝶犬。

在十六世紀左右，這種長毛垂耳犬成爲以法國爲首的歐洲各宮廷之知名犬種，其身價之昂貴更是超乎尋常百姓的想像。

這時的蝴蝶犬風行於貴族階級或上流社會中，傳說在義大利的波洛尼地區被人大肆繁殖。

在法國大革命中險遭滅種

但是，蝴蝶犬在上流社會這種階級象徵似的好人氣，卻爲牠帶來意想不到的災難……。

一七八九年的法國大革命，不僅當時的國王路易十六和愛妃瑪麗・安東尼魂斷斷頭台，許多貴族和蝴蝶犬也慘遭殺害。

在此悲慘事件中倖存的蝴蝶犬，成爲延續今日蝴蝶犬的血脈。

蝴蝶犬的祖先爲垂耳的長毛狗

蝴蝶犬的祖先犬長毛垂耳，宛如松鼠的大蓬鬆尾巴爲最大的特色。經過交配與繁殖後，後來的狗狗也出現立耳的特徵。

今日的蝴蝶犬據說是加上吉娃娃或狐狸狗的血統，在法國或比利時改良而成，垂耳的類型叫做「Fahren」（法語有蛾之意）。

狐狸狗

吉娃娃

蝴蝶犬與吉娃娃十分相似喔！

蝴蝶犬

吉娃娃

渾圓的頭配上一雙大立耳、如鑲入玻璃珠似的黑色眼眸與黑色鼻子。咦？兩個有點分不清楚呢！不過，一樣可愛啦！

第1章

很喜歡和人在一起的蝴蝶犬適合養在室內

不論何時何地都喜歡跟人在一起的狗狗。

體型小又容易飼養，適合地窄人稠的居家環境。

蝴蝶犬非常喜歡和人互動

和人共同生活數個世紀之後，備受寵愛的蝴蝶犬，成爲非常喜歡親近人類的撒嬌高手。牠愛跟人一起玩，玩累了就躺在人的膝蓋上，一副心滿意足的模樣。

只要和人在一起就感到很幸福的蝴蝶犬，是一種可以透過親密溝通增加情感的聰明狗狗，最好把牠養在隨時可以和人接觸的室內。

營造人犬都很舒適的居住空間

把狗狗養在室內的話，牠就像住在一起的「室友」。所以，飼主必須營造出對人或對狗狗，都很舒適的居住空間。

爲了避免引發困擾，或造成狗狗的壓力，飼主一定要教狗狗哪些事絕對不能做，讓牠學會在人類社會生活的規矩，像如廁或進去狗窩等等教養，一定要確實執行。

COLUMN 常放牠一個人在家，容易產生壓力

飼主或家人正是狗狗的領導者或好夥伴，牠喜歡和人一起行動，一旦被排擠在外，會心生不滿，更討厭獨自留在家裡。

飼主輕聲溫柔地安撫狗狗，可適時化解牠心中的壓力。所以，不管再怎麼忙，至少一天一次叫叫牠的名字，摸摸牠的身體吧！

讓蝴蝶犬在室內感到舒適的要訣

1 以家人出入的起居室，當作睡覺的地點

狗狗很討厭自己一個人，經常看得見家人的活動，會讓牠覺得有安全感。

2 準備一個靜謐的生活空間

不論是自己做的或市售的狗窩，只要可以讓狗狗好好休息即可。

3 依照季節更換狗窩的地點

狗窩或狗籠要放在冬暖夏涼、通風良好，且沒有過度日曬的地方。

4 注意舒適的室溫

狗狗比人類更容易感受到溫差的變化，所以，夏天的冷氣溫度要開高一些，冬天的暖氣則開低一些。

5 睡鋪或便器常保清潔

髒了的便器要及早清理乾淨；睡鋪也要時常打掃。

即使在家裡還是動個不停的幼犬。

第1章

個性開朗又十分聰慧的蝴蝶犬

只要有牠在場氣氛就變得愉快的狗狗。

蝴蝶犬的魅力不只是美麗的外表

蝴蝶犬的英文名字又叫做 Butterfly Spaniel，由於牠一直是法國宮廷的人氣犬種，容易讓人把焦點放在牠美麗的容貌上。其實蝴蝶犬原本是一種獵鳥犬種的長毛垂耳狗，性情溫和加上容易飼養，才是牠廣爲大家接納的主因吧！

每天幫狗狗整理皮毛，是維持健康的不二法則。

脾氣溫馴又友善的小可愛

蝴蝶犬是一個性開朗又沉穩的狗狗。

牠那深具社交性又友善的性格，正是長期成爲宮廷貴婦伴侶犬的最佳證明。當然其中也有一些蝴蝶犬比較害羞，但大致上對其他動物都不太有警戒心，會試著靠近牠們。

可愛的蝴蝶犬對很多事物都充滿好奇心；雖說有時候難免會有點固執，但大部分的時候都很淘氣，甚至顯露出滑稽好玩的一面。

COLUMN 散步時遇見的陌生狗狗，也能成爲好朋友

雖然有些比較害羞，但大部分的蝴蝶犬都非常具有好奇心，個性也十分活潑。即使是初識的狗狗，牠也會發出「你在做甚麼？」「要不要一起玩？」等友善的訊息。

能從牠身上感受到愉快氣息的蝴蝶犬，美麗的外表常讓人驚艷不已。

所以說，只要有蝴蝶犬在的場合，氣氛絕對融洽又愉快，讓飼主感受到飼養的極大樂趣。

雖是長毛整理起來並不費事

蝴蝶犬全身的蓬鬆長毛，摸起來如絲絹般光滑細緻；所以，有人會覺得要維持這身美麗的皮毛，可能很麻煩呢！

雖然這種想法很正常，但事實上，眞的是多慮了；因爲蝴蝶犬雖是長毛種，但皮毛並不需要特殊的整理。

只要每天順著毛海，確實幫牠刷刷毛，再梳理整齊即可，一點都不麻煩。刷毛時，可用柔軟的針齒刷，耳朵或尾巴的細毛，可用梳子仔細梳理。

如果每天都確實幫牠整理皮毛的話，可選擇適合毛質的溫和型洗毛精，一個月洗一次澡即可。

不管是幫牠刷毛或洗澡，都要從幼犬期確實執行，儘早讓牠習慣這些動作，以免引起狗狗的反感。

幫狗狗梳理皮毛時，記得溫柔地和牠說說話，讓牠感受到飼主的關心與愛意，也能促進人狗間的感情呢！

個性開朗又淘氣的蝴蝶犬

第1章

小型犬中聰明絕頂的蝴蝶犬

記性好、在競技賽或障礙賽都十分活躍的狗狗。

適應力很強的蝴蝶犬，很適合初次養狗的人飼養。

善解人意又貼心的蝴蝶犬

蝴蝶犬會從平日仔細觀察人類的表情或行爲，甚至記住人類的語言，讓自己體會到人的心境，享受與人「對話」的樂趣。所以，牠堪稱是小型犬中最聰明的狗狗。

正因爲蝴蝶犬的腦筋動的很快，有時更能迅速掌握人的心情或行動。即使牠出現違規的行爲，當你還來不及發現時，牠已經顯示懺悔的樣子，看到這副「反省」又撒嬌的模樣，誰還忍心苛責呢！

運動細胞活躍的蝴蝶犬

蝴蝶犬的記性很好，適應性又強，是一種容易教養或教育生活規矩的狗狗。

當然，每隻狗狗的學習能力各有差異；通常容易被訓練，理解力又好的蝴蝶犬，在障礙賽方面也會有優異的表現。

正因爲蝴蝶犬的動作敏捷，服從性也高，在障礙賽競技場或家庭犬訓練競技場等狗狗的運動大會中，都有傑出的表現。

COLUMN 訓練性能強，在歐洲常是障礙賽的世界冠軍。

蝴蝶犬行動敏捷，跳躍能力很好，加上訓練性能很高，在每年舉行的運動全能競賽中，經常獲得障礙賽的世界冠軍。這對體型嬌小的蝴蝶犬來說，眞是一大殊榮呢！

在歐美保有一定的人氣指數

蝴蝶犬在世界各國都擁有許多支持者，就連以法國爲首的歐洲國家，長期以來更視牠爲優雅的賞玩犬，自古即具有超強的人氣。

而美國長久以來，更不會讓蝴蝶犬在犬展中缺席，並於一九三五年，成立蝴蝶犬俱樂部。直到今天，美國擁有孕育在世界犬展中，拔得頭籌之名犬的一流犬舍，許多熱心的愛犬人士讓蝴蝶犬保有一定的人氣指數。

在日本也是居上位的人氣犬種

日本直到一九九〇年代初期，才由美國引進蝴蝶犬；之後的十餘年間，蝴蝶犬逐漸爲人喜愛與認同。

特別是在九〇年代末期，蝴蝶犬被視爲開朗貼心且形象健康的伴侶犬，獲得許多愛犬人士的注意。

其在日本的登錄隻數逐年俱增，人氣也扶搖直上，近幾年更名列前十名的人氣犬種排行榜，成爲許多家庭不可或缺的好伴侶。

心思機靈的蝴蝶犬常讓飼主深感「佩服」呢！

外表看似嬌弱其實十分健康的狗狗。

伴侶犬中最強健的蝴蝶犬

不論溽暑或寒冬均可適應的蝴蝶犬

體型纖細看似嬌弱的蝴蝶犬，因血統出自獵鳥犬種，身體其實非常結實健壯。

散步時可接觸其他的人、動物或公園、道路等外面的世界，增加社會的歷練。

在同屬獵鳥犬種的賞玩犬中，還有出生於英國，即使養在室外也無妨，身體十分健壯的查理士王小獵犬（Cavalier King Charles Spaniel）；但相較之下，蝴蝶犬的身體仍是屬一屬二的強壯呢！

蝴蝶犬最大的特色就是，非常容易適應外在環境或氣候的變化。

正因爲牠很喜歡活動身子，不論養在悠適的郊外，或熱鬧的都會區，都能神采奕奕地過日子。即使在酷熱的夏天，或嚴寒的冬季，也不必擔心牠會生病或失去活動力。

儘管蝴蝶犬天生體質如此強壯，基本的健康管理仍不可缺。就算牠每天都會在室內自由活動，爲了牠的身心健康，還是要帶出去散步或運動。夏天宜選在涼爽的早晚，空氣乾燥的冬天要注意身體的保暖，小心別讓牠感冒了。

蝴蝶犬體型雖小，卻以一身強健的體魄自豪呢！

只要小心照顧即可避免疾病的侵襲

蝴蝶犬因體質健壯，並沒有特別容易罹患的疾病，連遺傳性疾病也格外稀少呢！不過，要特別注意狗狗的「壓力」問題。狗狗一旦出現壓力，很容易引發低血糖症或過敏性皮膚炎等疾病。

再者，好動的蝴蝶犬很喜歡蹦蹦跳跳，要小心從階梯或高處跳下時的安全防護。

容易繁殖生產且長壽的蝴蝶犬

一般來說，蝴蝶犬素以好繁殖聞名，新生的幼犬很好照顧，很少碰上甚麼棘手的情況。

天生體質強健的蝴蝶犬，大部分都很長壽；只要留意牠的身心健康與管理，牠一定可以陪著飼主每天快樂地生活。

蝴蝶犬小檔案！

1 成犬的話約有5公斤重

和人相較之下，蝴蝶犬成犬約如圖中的大小。不論公母，標準的身高約為20～28公分。應確實做好健康管理，讓體重維持在5～6公斤內。

2 生性活潑好動需要每天散步

為了狗狗的身心健康，最好每天帶牠出門散步或做牽繩運動，享受快樂的人犬時光；像球類遊戲都是狗狗喜歡的活動呢！

3 配合身體狀況調整食量

蝴蝶犬屬於小型犬，食量並不多，但還是要根據身體狀況或運動量提供適量飲食。像可配合狗齡的高品質狗糧，營養均衡可安心使用。

4 很少掉毛且沒甚麼體味

蝴蝶犬為只有表層毛的單層毛種，很少掉毛，只要簡單的保養即可維持漂亮的皮毛，也沒有甚麼體味，容易飼養。

5 個性沉穩不會隨便亂吠

蝴蝶犬性格沉穩，不太容易出現攻擊性行為，只要運動量充足，和飼主保持良好的溝通，牠也不會亂叫呢！

第1章

毛色變化繁複的蝴蝶犬

毛色或模樣多樣化呈現不同個性的狗狗。

優雅又華麗的毛色，爲蝴蝶犬加分不少。

黑褐白毛色

以白色爲底色加上黑與黃褐色的三色毛色。眼睛上方、耳朵、臉頰和尾巴根部的黃褐色體毛，有畫龍點睛的美感。

蓬鬆的胸毛，和宛如松鼠尾巴的華麗皮毛，是蝴蝶犬漂亮的焦點。

白毛加上斑點的美麗皮毛別具魅力

耳朵與尾巴的長裝飾毛，加上胸前蓬鬆的體毛，都襯托出蝴蝶犬一身的華麗與貴氣。尤其那一身潔白，點綴了斑塊的美麗毛色，更讓蝴蝶犬顯得優雅高貴。

其斑塊除了紅褐色以外，其他色塊均獲得認可。

蝴蝶犬臉上的細長白斑（從雙眼之間縱貫臉的中央），讓人看了印象深刻，臉部兩側的模樣最好是左右對稱，至於身體的模樣不管是甚麼形狀、大小或毛色均無妨。

從以上這些圖片可知，豐富多變的毛色也是蝴蝶犬的魅力之一呢！

白底加入褐色的毛色

以白色爲底，加入眼部和身體的褐色斑塊，讓蝴蝶犬顯得開朗又俏麗。

眼睛和耳朵的黑、褐色斑塊，彷彿展翅欲翔的蝴蝶一般。

簡潔清晰的斑塊，讓蝴蝶犬的身型更是出色。

白底加入黑色的毛色

白色爲底，加上黑色斑塊的簡單組合，宛如優雅貴婦呈現迷人的氣息。

左右對稱的臉部模樣或漆黑的眼鼻，烘托出蝴蝶犬的淘氣與可愛。

第1章

氣質高雅的蝴蝶犬之人氣秘密

外型優雅個性卻大膽——蝴蝶犬魅力大放送！

開朗活潑的個性

從小就喜歡和同伴或人類一起嬉戲的蝴蝶犬。

好奇心十分旺盛的蝴蝶犬幼犬，小小的臉蛋散發出聰慧的氣息。

外表看似嬌弱，其實個性很活潑大膽的蝴蝶犬，喜愛與人產生互動，是家裡不可缺的一員。

即使待在籃子裡，一臉正經的蝴蝶犬，模樣嬌俏仍討人喜歡。

風靡法國貴婦的 不朽傳奇

隨著法國國王路易十四視牠爲高貴宮廷犬的良機，蝴蝶犬也風靡了其他國家的王室與貴族，其中不乏路易十五的愛人龐巴度夫人，或路易十六的愛妃瑪麗・安東尼等貴婦。

給人活潑印象的
臉蛋

蝴蝶犬渾圓嬌俏的頭部長滿短毛。鼻子漆黑，末端微扁，牙齒呈剪咬合狀，稍大的杏眼眼瞼爲黑色，瞳孔爲深色，清亮的眼眸給人活潑之感。

宛若蝴蝶起舞的
大立耳

蝴蝶犬一雙宛若蝴蝶翩翩起舞的大耳朵，堪稱牠的「正字標記」。Papillon 爲法語中的「蝴蝶」，因其雙耳狀似蝴蝶故得此名。

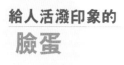

如絲絹般柔軟的 皮毛

蝴蝶犬一身如絲絹般光滑的長皮毛，通常以白色爲底，加上其他斑塊。這些斑塊除了紅褐色，其他顏色均獲得認可。

骨架完美的 四肢

蝴蝶犬步履優雅輕快，前腳筆直前挺，後腳有適度地彎曲。腳趾修長帶有渾圓感，腳掌肉墊（腳底的肉球）偏厚。

長滿裝飾毛 如松鼠尾的 尾巴

蝴蝶犬的尾巴長滿美麗的裝飾毛。在牠被命名爲蝴蝶犬之前，因其尾巴形狀狀似栗鼠，故被稱爲「栗鼠犬」。

飼養蝴蝶犬的建議

FILE2

善體人意
眞情相待的狗狗！

茨城縣　川股弓枝

日光浴下的午睡……舒服極了！

三個月大的小布吉，模樣可愛極了。

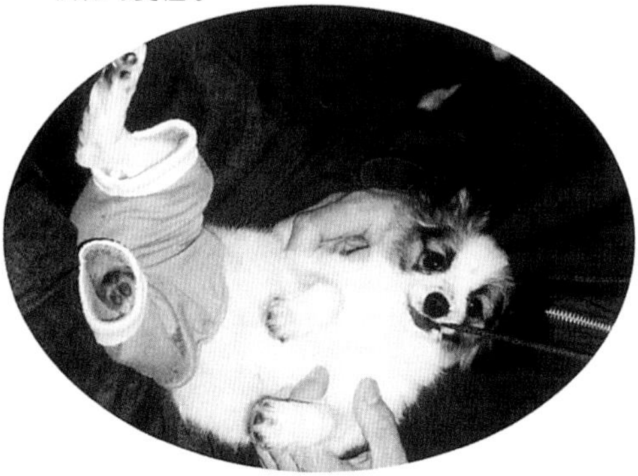

大約四個月大的小布吉正在洗澡的模樣，好像有點不太甘願呢！

我家的小布吉
母狗・2歲2個月大

「這是何方妖怪？！
汪！」

因爲家裡的孩子很喜歡狗狗，要求我們無論如何都要養一隻；加上我和先生小時候也有養狗的經驗，不會覺得那是一件麻煩的事，所以我們才會養狗狗。至於蝴蝶犬雀屏中選的原因，不外是牠那嬌小可愛的體型，和一身美麗的長體毛。平常只要我們在家，牠都可以在室內自由活動，我們出去或睡覺時，再把牠關進狗窩裡。牠的便器要常保清潔，儘量讓牠和孩子一起玩，多多培養感情。要注意的是，牠的足部纖細，小心骨折等意外。在教養方面，如廁是最大的問題，需要花三到六個月的時間才能讓牠記住。再者，我們回家時或門鈴響起，牠都會叫個不停，比較讓人傷腦筋。因牠平日在家都自由活動，故一天只要帶出來散步十分鐘就夠了，住家附近的紅磚路或柏油路，因泥土地面少不適合蝴蝶犬散步。記得回家後幫牠刷毛，並擦拭身體保持乾淨。

第2章

讓幼犬習慣新的環境

想要養狗必須確定最低限度的花費

從伙食到醫療費等各項必要的支出。

養狗的花費有時會超乎想像以外

想養一隻狗當作家裡的一員，有時需要的費用會超乎想像以外。甚至於你還會聽到飼主們無奈地表示：「我家狗兒的花費比養小孩還多呢！」

養狗時有些東西只要一開始準備好，就可以使用一輩子；但也有一些東西屬於消耗品，必須每個月固定支出。所以，在養狗之前，還是先好好想一想自己有沒有辦法負擔這些開銷。

愛犬的健康管理是飼主的責任

就養狗來看，最大的開銷應該算是醫療費用。爲了狗狗的健康，飼主每年必須帶狗狗定期注射狂犬病或其他傳染病的混合疫苗。而這些疫苗的注射費用，也是一筆不小的支出呢！

除了這些最低限度的醫療費用外，萬一狗狗發生意外事故或生病必須住獸醫院治療，飼主還得支付不少的醫藥費。

「從今天開始我就是家裡的一員囉！請好好疼我呦！」

COLUMN 請再次確認家裡適合養狗嗎？

如果是住在公寓或大樓等集合住宅，應該好好想一想家裡的居住條件眞的適合養狗嗎？

例如，你一天能有多少時間和狗狗相處呢？如果眞的養了狗，全家人卻整天忙著工作，三更半夜才回家，那狗狗豈不是很可憐？而且這樣的話，初期的重要教養可能也無法進行呢！

對第一次養狗的人來說，養狗所需的花費經常超乎想像以外，再者，帶狗狗出去散步或教養狗狗對飼主來說，也是一大樂趣的來源；但相形之下也需要足夠的體力。所以，養狗之前先想想自己十年後是否仍有足夠的精神吧？！

小型犬的花費較大型犬少

蝴蝶犬屬於小型犬，不論食量或排泄量都少，連伙食或寵物墊等每月固定花費也比大型犬來得少。大致上來看，一個月的固定開銷約在一、兩千元之間。

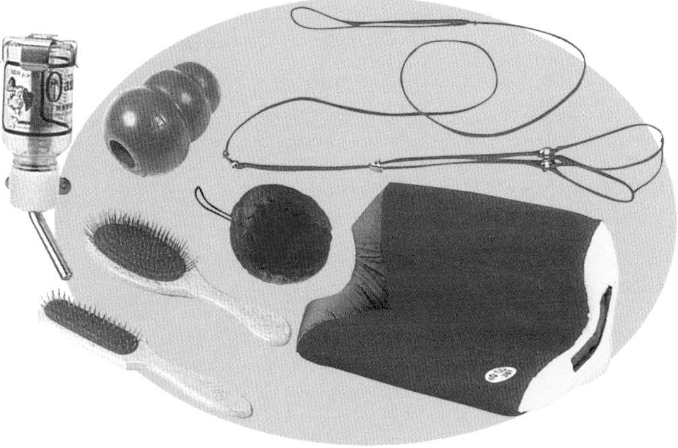

飼主要花一筆錢採購狗狗需要的生活用品

飼養蝴蝶犬所需的花費

蝴蝶犬分爲將來可能參加犬展的比賽級幼犬，和當作家庭犬飼養的寵物型幼犬；前者約爲 8 萬元，後者約爲 5 萬元。

狗籠約 4000 元，狗碗等食器約 500 元，便器約 800 元，其他還有項圈、牽繩或玩具等等。

若是成犬吃一些高單位的營養狗糧（乾燥型），1 個月約需 500 元。再加一些罐頭的話，費用還會更多。

狗狗的混合疫苗大約 800 元，狂犬病疫苗注射約 200 元，心絲蟲等預防藥物，一次約需 150 元。

帶狗狗住宿的話，費用依旅館而不同；如果搭乘大衆交通工具，需要準備攜帶型狗籃，大約數百元。

洗毛精和潤絲精約 600 元，梳子和刷子約 300 元，狗狗專用爪子剪約 150 元。

第2章

購買幼犬時要親自確認選購

家裡重要的夥伴，宜慎重選擇。

去哪裡購買幼犬？

深受歡迎的蝴蝶犬，有很多不同的購買管道。只不過在行動之前一定要先想清楚，一旦把牠買回家，未來十幾年牠可是家裡重要的成員之一，因此選購之前一定要多方比較。

一般來說，寵物店或專門的繁殖業者，都是很好的購買地點。在決定幼犬之前，一定要花時間評估，千萬不要急著下決定。

如果是專門繁殖蝴蝶犬的業者，因爲熟悉此犬種的特徵，向他購買幼犬的優點是，可以向他請教各種有關飼育或教養的問題。

除此之外，你也可以委託熟識

去寵物店購買

去寵物店的好處是，可以慢慢選購，還可以貨比三家不吃虧。這時要多留意店家的環境乾不乾淨？店員態度是否親切，對狗狗很有愛心嗎？

去繁殖業者處購買

向繁殖業者選購幼犬的優點是，可親臨犬舍實地探訪飼養環境或幼犬的狀況。同時看看幼犬雙親，或從許多幼犬中區分彼此的個性。透過分類廣告或育犬協會，都可找到繁殖業者。

的獸醫或朋友，幫忙留意有無新生的幼犬。最重要的是，一定要親自做確認；或者是找熟悉蝴蝶犬的朋友一起選購。

由獸醫或朋友介紹

可以委託有機會接生的獸醫，或透過認識的朋友介紹合適的幼犬。

透過寵物雜誌或相關雜誌

許多寵物雜誌或育犬協會發行的雜誌，也會刊載幼犬的訊息，飼主不妨多多留意。

利用網際網路

許多蝴蝶犬的飼主或繁殖業者，都會在網路上架設自己的網站，可從中獲取想要的資訊或情報。

COLUMN 購買幼犬時要先確認的事

有些幼犬剛買不久就生病或猝死，或者店家說是血統純正，長大後卻不太像蝴蝶犬……。為了避免上述的困擾，購買幼犬之前，先確認以下的事項：

1. 幼犬猝死時如何補償？
2. 做了哪些疫苗注射（一般來說應該已經做過 2～3 次）？
3. 是否驅除體內的寄生蟲？
4. 何時可以取得血統證明書？
5. 雙親的性格或體質。
6. 幼犬的性格或健康狀態。
7. 確切的出生年月日。

選擇適合家裡生活模式的幼犬。

即使是兄弟犬還是有不同的個性

你希望和狗狗過著甚麼樣的生活呢？

一旦決定養狗以後，全家人最好先商量一下，看看大家希望和狗狗過著甚麼樣的生活？

就跟人一樣，狗狗的個性也是千奇百怪。如果你希望全家過著靜謐安適的生活，就不適合選一隻活潑好動的狗狗。反之，如果是喜歡和狗狗一起運動的家庭，太溫馴乖巧的狗狗恐怕不太適合呢！

仔細分辨幼犬的性格

即使是同一隻母狗所生的兄弟犬，大概兩個月大以後，就會呈現截然不同的個性。屬於小型犬的蝴蝶犬因爲生性活潑，動作敏捷，其中更不乏腳程輕快，喜歡戶外活動的狗狗。如果是希望和愛犬一起挑戰極限的家庭，就可以選擇服從性高，動作活潑的幼犬呢！

COLUMN 蝴蝶犬公狗和母狗不同的特徵？

公狗 其體型依公狗和母狗的不同，呈現個體上的差異。通常公狗較母狗具有地盤意識或想當老大的念頭，不過這也是依狗狗的個性而有不同。

母狗 一年有兩次發情期。純血種交配時，母狗擁有選擇權；所以想繁殖下一代的話，可選擇母狗。

審慎考量要給狗狗甚麼樣的生活，再選擇「適合全家生活型態」的幼犬。

選購健康又可愛的蝴蝶犬的重點

漂亮的耳朵
耳型漂亮沒有惡臭，試試牠對聲音的反應是否正常。

靈活的尾巴
一叫牠尾巴就會搖個不停，表示牠很健康又開朗。

乾淨的肛門
肛門口緊閉又乾淨，有無下痢弄髒肛門周遭，四周的皮膚是否潰爛發炎。

雪亮的眼睛
雙眼炯炯有神，眼睛四周沒有眼淚或眼屎殘留。

沒有異味的嘴巴
牙齒咬合正常（剪咬合狀），沒有口臭，口中黏膜爲漂亮的粉紅色。

發亮的體毛
體毛充滿健康的光澤，皮膚乾淨沒有濕疹，也無跳蚤寄生。

結實的四肢
骨骼強健有力，步伐自然優雅，腳掌肉墊深具彈性。

蝴蝶犬的幼犬期，似乎都具有穩重大方的基本特色。在一群幼犬的玩耍嬉戲中，那些即使被踩來踩去，還是可以睡得安穩自在的幼犬，長大以後應該也是沉著穩重的一群吧！不過，只要對著幼犬出聲，看看牠的反應，即可分辨牠是生病沒有元氣，或是本身個性就比較沉穩。通常你一叫牠就跑過來和你玩的幼犬，都是比較健康沒有恐懼感。

要選賽級或寵物型的幼犬？

在犬展中，各項評比最接近犬種標準的狗狗，才能獲得最後的勝利。所以，賽級幼犬必須有一定的特質，才能出場比賽。如果你並沒有想讓狗狗參賽，選擇寵物型幼犬就夠了。

第2章

幼犬來以前需要準備的用品有哪些？

幼犬來之前要做萬全的準備

決定狗窩或便器的放置地點

爲了讓幼犬順利適應新的環境，需要事先幫牠打理住的地方；其中最基本的用品就是狗窩和便器。

狗窩對狗狗來說，不僅是一個可以好好休息的地方，同時也是心裡遭到挫折時的避難所。不論是洗衣籃狀，鋪上浴巾或墊子的簡易睡鋪，或者是狀似大型狗籃般有屋頂的豪華狗窩，都是狗狗的最愛。也可以在狗窩四周圍上鐵籠，加個門讓牠自由進出。至於放置狗窩的地點，以家人經常活動聚集的起居室一隅，狗狗才不會感到孤獨。

在便器方面，以容易和地板區別的淺盤狀，有框的便器比較好訓練。裡面的寵物墊要勤於更換，保持室內的清潔。

因爲狗狗也很愛乾淨，不喜歡腳底濕濕的感覺；所以，牠不想踩在髒髒潮濕的寵物墊上，也是如廁訓練失敗的原因。

正因爲狗狗不喜歡在睡覺或吃飯地點的附近排泄，如果要把便器放在狗籠裡的話，狗籠的面積要大一些，讓狗窩和便器保持一定的距離。

除此之外，要經常保持室內外的清潔，避免好奇心過重的幼犬，誤食不該吃的東西。這和家裡有小寶寶的家庭該注意的重點，基本上都一樣呢！

準備幼犬的狗籠或狗窩，讓牠順利適應新的環境。

幼犬所需的生活用品

在幼犬到來之前，像便器、狗窩等與飲食相關的物品，應該先準備妥當。

寵物墊

選擇吸水性佳的產品，也有幼犬專用的訓練型寵物墊。

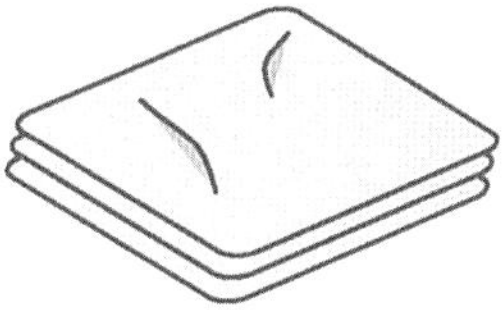

攜帶型狗籃

這是搭乘大衆運輸工具，或外出旅行時的必需品。

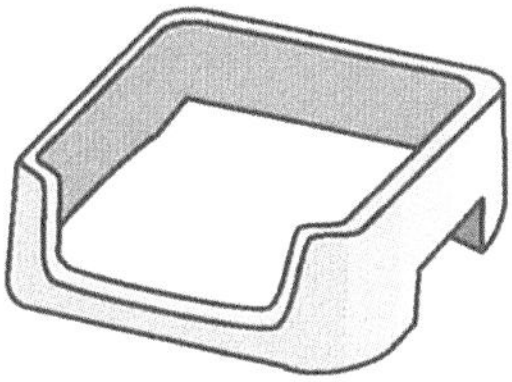

便器

以塑膠材質，幼犬上去坐也很穩固的便器爲宜。

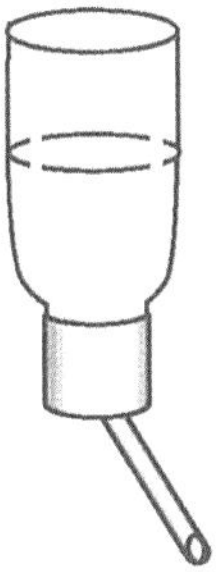

給水器

這種給水器可防灰塵或污垢比較衛生。

鬃刷

針齒末端渾圓並具彈性的鬃刷比較好用；可配合體型選購小一點的產品。

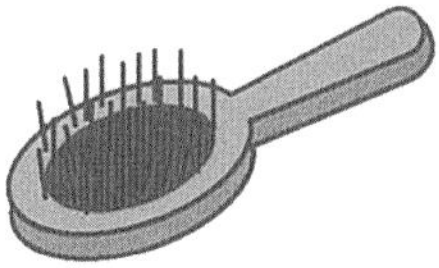

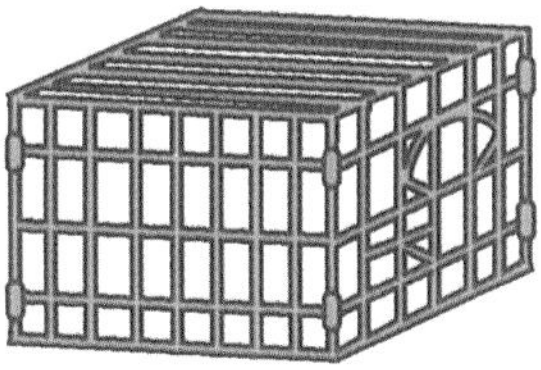

狗籠

以變爲成犬時，還能調整大小的組合式狗籠最適合。

項圈

偏細的項圈比較不會增加蝴蝶犬的負擔。

狗碗

稍厚的陶碗或底部有防滑膠墊的不銹鋼製狗碗最好。

玩具

教導幼犬只能咬這些東西。

牽繩

散步用。小型犬可選用較細的牽繩。有一種項圈與牽繩組合的產品（調整型），如果過細反而會增加狗狗的負擔。

第2章

吃得飽飽、睡得好好的幼犬生活。

初來的十幾天幫幼犬適應新環境

這是哪裡？你們是誰？
對陌生環境深感不安的幼犬。

剛開始別讓幼犬過度疲憊

準備完畢，終於到了迎接幼犬回家的日子。雖說全家都很興奮，但對幼犬來說，突然被帶到陌生的地方一定很緊張，還是不要讓牠的心理產生太多的不安感。

白天接牠回家比較恰當，汽車是最好的迎接工具，可用浴巾包著牠抱坐膝上，減少搖晃感，比較不會暈車。

幼犬很容易緊張與疲倦，不要一回家就想跟牠玩。可以餵牠喝一些溫熱奶水，試著帶牠上廁所；然後讓牠安靜地在事先備妥的睡鋪休息。等牠醒了想找人玩時，再跟牠玩一會，但不要讓牠太累。

COLUMN

疫苗注射與晶片登記

依據動物保護法之寵物登記管理辦法規定，民衆應於幼犬出生四個月內，為愛犬植入寵物晶片，並定期注射狂犬病疫苗、重要傳染病七合一等疫苗，否則將處以新台幣兩千元至一萬元罰款，飼主並記得索取公家公告的犬牌。

幼犬來了以後…

儘可能營造類似之前的生活環境

可以的話，從前飼主處帶回沾有兄弟體味的毛巾，或牠喜歡的玩具放入狗籠裡，減輕幼犬的不安感。

不要抱著幼犬一起睡

與兄弟分離的寂寞與不安，常讓許多幼犬夜間哭嗚不已。但是，飼主千萬不要心軟帶著牠一起睡，因為「人與寵物並非對等關係」。你可以擺個鬧鐘或收音機發出聲音，讓牠覺得比較放心。

不要餵食牠吃不習慣的食物

環境的激烈變化，常讓幼犬萌生極大的壓力。餵牠吃陌生的食物，更常讓牠出現神經性下痢或引起食慾不振。可向之前的飼主問清楚牠的飲食習慣，等一陣子再依照便便的樣子調整飲食份量。

第2章

從幼犬期就讓牠習慣被人撫摸身體

喜歡被人撫摸的溫馴狗狗，比較容易教養。

馴服幼犬的方法

這是讓幼犬對飼主感到放心，將身體託付給他的服從訓練之一，需要每天練習。

從後面用雙手緊抱坐著的幼犬，即使牠心生抗拒動來動去，也要緊緊地抱住。

一手撐住幼犬的上半身，輕輕撫摸胸口至脖子。若其抗拒，再緊緊抱住。

飼養一隻溫順容易教養的狗狗

當心裡覺得安心或表示順服對方時，狗狗會躺下來露出整個肚皮。除了牠的肚子外，口吻、耳朵、腳尖或尾巴等，都是狗狗的敏感部位；當牠願意讓別人撫摸這些部位，表示牠對對方完全信任與服從。但是，如果一隻成犬沒有從小習慣被撫摸的話，一觸及牠這些敏感部位，會引起很大的反彈呢！

所以，飼主從幼犬小的時候，就要花時間多多撫摸牠的身體，在輕鬆愉快的氣氛中和牠建立親密的關係。喜歡被人撫摸的狗狗，也會受到牠人的喜愛，以後不管是去動物醫院檢查，或打理皮毛、修剪爪

讓牠躺下撫摸身體

先抱住幼犬再讓牠躺下來；如果牠抗拒的話，壓著牠直到牠安靜下來。

撫摸雙耳

先摸摸耳朵周邊，再慢慢搓揉耳朵末端或內部。

撫摸四肢

從前腳輕輕地撫摸牠，包括爪子和腳掌肉墊，後腳也是一樣。

撫摸其下顎，讓牠打開嘴巴，把手放進去，輕摸其牙齒或牙齦。

仰躺撫摸

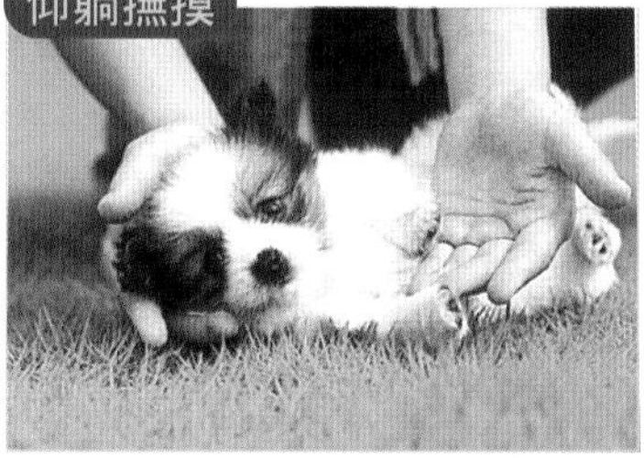

讓牠的肚子整個裸露，從下顎、胸部、肚子輕輕摸到腳跟和尾巴末端。

把手放進嘴裡

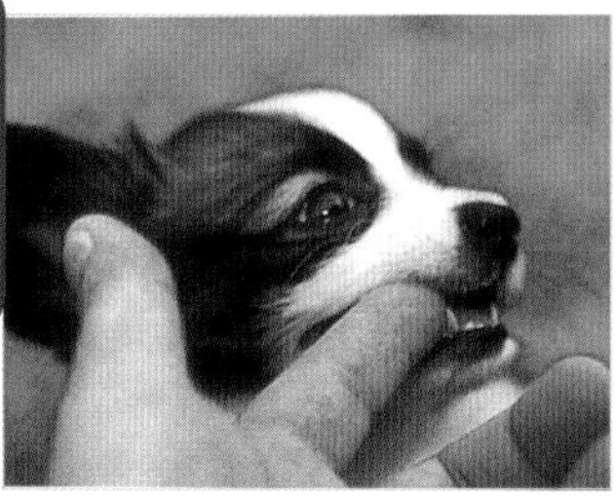

子等美容保養，都能順利進行。

COLUMN 抱幼犬的正確方法

用一手托住幼犬的臀部，另一手放在幼犬的腋下，把牠直直地抱在胸前。

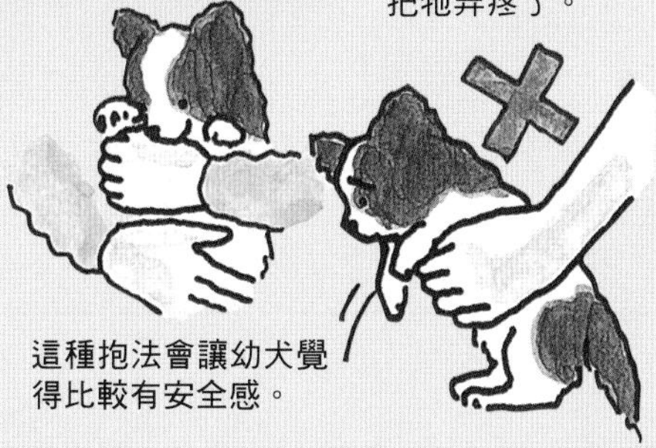

一手抱的話會增加幼犬身體的負擔，把牠弄疼了。

這種抱法會讓幼犬覺得比較有安全感。

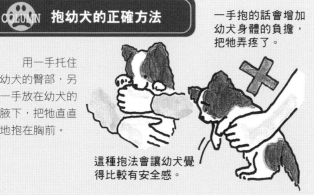

飼養兩隻以上的狗狗要一視同仁

人或狗狗都樂在其中的多頭飼養。

具有多頭飼養優勢的蝴蝶犬

蝴蝶犬不僅容貌討喜、個性聰慧又容易照顧，加上體型嬌小、身強體壯，可說是具有多頭飼養優勢的犬種。而多頭飼養最大的魅力應該是，飼主可以享受與狗狗間的溝通與嬉戲的趣味吧！

所以，我們經常會聽到家裡養好幾隻狗狗的人，發表以下的心得：「狗狗會一起玩耍，比較喜歡看家。」、「先養的狗狗還會教導後來的狗狗呢！」、「看狗狗一起睡覺、一同嬉戲，眞的感到很幸福！」、「養兩隻狗狗可以體驗到，單養一隻狗狗所不知道的樂趣！」

多頭飼養的注意事項

但是，如果飼主無法擔任狗狗們的領導者，就不能掌握多頭飼養

COLUMN 飼養第2隻狗狗的注意事項

選同性或異性？

如果兩隻都是公狗的話，容易因爲個性不合而爭吵；相較之下，兩隻母狗比較沒有這種問題。如果是一公一母的話，要特別注意發情期。

年齡差距爲何？

如果兩隻狗狗年齡差太多，等先養的狗狗老了需要安靜時，後面那隻新來的幼犬卻活潑愛玩，不免讓老狗備感壓力，因此兩隻最好差2～3歲。

有狗兄弟眞好！可以一起玩、一起睡呢！

決定上下的優先順序時

餵養時

讓狗狗們一起等著餵食。先從居上位的狗狗前面，依序擺放狗狗們的狗碗，再讓牠們同時進食。

套牽繩散步時

先集合狗狗們坐著等，也是從居上位的狗狗先套上項圈；像這種小細節也要注意優先順序。

外出時

身爲領導者的飼主先出去，然後從地位高的狗狗，遵照「好了！」的指令，一隻隻帶出來。

狗狗原本就是群體生活的動物，多頭飼養是很自然的事。

的優勢，結果只會讓狗狗們爭吵不休，製造數不清的麻煩呢！

所以，飼主一定要對所有的狗狗一視同仁同樣關愛，絕對尊重狗狗間的上下排序關係，才能讓家裡的狗狗們和平相處。

雖說先養的狗狗未必要排在最上位，但飼主尊重牠們已經形成的排序，才是和平生活的基礎。不管是要親近狗狗或餵養狗狗，全部都要從最上位的狗狗開始做起。再者，要確實教養第一隻狗狗；否則牠一些壞習慣，很快就會傳染給新來的狗狗，爲飼主增添無比的困擾。

多頭飼養時，健康管理也是一大重點。飼主宜充分掌握每一隻狗狗的食慾或食量，並準備不同的狗碗餵食。

飼養蝴蝶犬的建議

FILE3

就連散步都會頻頻回顧的小美人！

大阪府　大塚麻衣

「這是媽媽幫我準備的專用枕頭喔！」

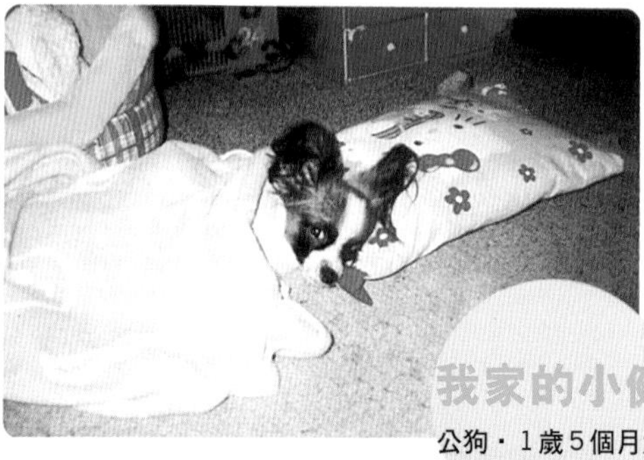

我家的小健

公狗・1歲5個月大

「你拍好了沒？快點啦！脖子好酸呢！」

「這是我的豹皮睡鋪，很豪華吧！」

「我最喜歡去公園散步呦！」

無意中在寵物店看到一種耳朵超大，容貌宛如狐狸的狗狗，充分吸引我的目光─這就是我家的小健。牠平常在家都自由活動，但因後腳很細，要小心別讓牠從高處摔下來。小健很聰明，如廁訓練很快就學會了。不過，剛開始養沒多久，有一次我出門大約兩個小時才回來，牠可能因爲不安而在浴室裡便便，結果我沒發現還踩到了。小健耳朵的裝飾毛是牠最迷人的重點，只要有時間，我都會仔細幫牠梳理，包括尾巴細緻的長毛。散步的話，一天多達三次呢！傍晚我會解開牽繩帶牠去附近的公園玩；冬天則幫牠加件避寒的衣物。容貌可愛的蝴蝶犬，本身也是撒嬌高手，任誰看了都想好好疼惜牠；不過，別過度溺愛牠，犯錯的時候還是要好好管教喔！

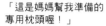

第3章

蝴蝶犬的成長過程與正確教養法

每一個成長過程的飼養重點

從幼犬到成犬只需兩年，成長速度十分驚人。

誕生～60 天

斷奶期以前以母奶爲主

蝴蝶犬的嬰犬期只有出生到斷奶期爲止的 20 天左右。這段時間的嬰犬吸飽母奶就睡，到第 2 週左右，眼睛逐漸張開，學習匍伏前進，到了第 17 天，眼睛可以看得很清楚。嬰犬 20 天以後長出乳牙，開始進入斷奶期，這時要注意下痢等問題。接下來進入幼年期。

60 天～90 天

結束斷奶期嘗試乾狗糧

出生 50 天左右的幼犬結束斷奶期，也長齊 28 根乳牙，可以嘗試較硬的乾狗糧。這時的幼犬活潑好動，情感表現豐富，對任何事物都充滿好奇心。這也正是適合與母狗分開，帶入新家的時期。幼年期會持續到 90 天左右，但可以早一點進行如廁或飲食教養。

新生的嬰犬

眼睛看不見卻找得到母狗的乳頭

即使眼睛看不見、耳朵聽不到，卻能準確吸吮母狗的乳頭——這就是嬰犬與生俱來的本能吧！這時的嬰犬喝飽就睡，大部分的時間都在睡覺，成長速度驚人。

行動力變好喜歡跑來跑去

幼犬結束斷奶期，也會吃乾狗糧了。這時的行動更爲靈活，十分活潑充滿好奇心。這也正是適合與母狗或其他手足分開，帶入新家的時期。

65 天大

睡眠時間減少遊戲時間增長

嬰犬 20 天以後長出乳牙，開始進入斷奶期，可嘗試一些固態食物。這時牠的睡眠時間減少遊戲時間增長，活動力增加，但行動還不是那麼靈活。

30 天大

90 天～6 個月

出生 6 個月大恆牙長齊

超過 90 天之後，蝴蝶犬進入少年少女期，乳牙開始換為恆牙（48 根），到 6 個月大全部長齊。隨著身形日益茁壯，幼犬心智方面也越來越成熟，必須開始作基本的教養，以適應人類社會的規矩。這時狗狗會認定自己屬於飼主家這個群體的一分子，萌生強烈的地盤意識以保護這個群體。

6 個月～2 年

體型像成犬智能發達

從結束少年期的 6 個月大，到變為成犬的 2 歲之間，稱為蝴蝶犬的青年期。這時的蝴蝶犬每個月迅速成長，體型像成犬，智能也十分發達。母狗在出生 6～10 個月左右，首次迎接發情期，公狗的性徵成熟期比母狗晚一些，但兩者的心理還算不上成熟。2 歲大的蝴蝶犬性情沉穩，雖然體型嬌小，卻呈現大將之風。從這時開始的 5 年，為蝴蝶犬的成犬期。

5 個月大

骨骼健壯 體型成長迅速

這時的幼犬體型日益茁壯，心智方面也越來越成熟，要提供營養均衡的飲食。同時因乳牙開始換為恆牙，牙床很癢喜歡亂咬東西，必須好好地教養。

9 個月大

公母狗的性徵成熟 但心理尚未成熟

這時的幼犬進入青年期，體型更像成犬，公母狗都迎向性徵成熟期，但心理仍未成熟。飼主應該好好處理母狗的生理或公狗的性衝動等困擾，幫牠們成為成熟的成犬。

2 歲大

成熟蝴蝶犬耳朵的裝飾毛 宛如美麗的彩蝶

2 歲大的狗狗算是成犬，宛如彩蝶般的耳朵裝飾毛，更是華麗動人。這時體型沒有明顯變化，但精神層面仍在成長，與飼主間的情愛交流更形熱絡。

第3章

蝴蝶犬好奇心重，要留意摔落意外

擅於跳躍的犬種，小心意外事故的發生。

蝴蝶犬的行動十分敏捷，容易造成一些意外。

站在高處也不畏懼的元氣狗狗

蝴蝶犬的個性相當活潑，很喜歡蹦蹦跳跳；尤其是幼犬的好奇心更重，要特別注意別讓牠爬到太高的地方，或從上面跳下來。雖說牠那纖細的骨架很結實，但突然跳下來，難保不會發生骨折、股關節脫臼，或小型犬常見的遺傳性膝蓋骨脫臼等問題。

如果家裡的地板偏滑，最好加上塑膠墊或鋪上短毛地毯，預防蝴蝶犬滑跤。

再者，蝴蝶犬因行動敏捷，不知道甚麼時候會跑到腳邊來，要小心別踩到牠囉！

因爲活潑好動最好養在狗籠裡

像蝴蝶犬這麼活潑的狗狗，最好養在狗籠裡面比較放心。剛開始牠也許不習慣被關在狹窄的地方，但等牠習慣了，自然會認爲這是自己可以安心休息的好場所。

不過要注意，擅於跳躍的蝴蝶犬是狗狗障礙競賽的常勝軍，有可

蝴蝶犬的跳躍能力遠近馳名，要特別注意牠的安全。

能演出跳脫欄杆的「戲碼」；所以，狗籠要選高一點，最好加個屋頂。同時爲顧及變爲成犬的體型，組裝式可加大的狗籠最適合。

除了在家以外，帶狗狗出門散步也不要讓牠離開你的視線。多留意落差太大的階梯，在公園自由活動時要注意安全性。

精力充沛的蝴蝶犬很喜歡蹦蹦跳跳

注意以下的意外事故

被誤踩或誤踏

蝴蝶犬體型雖小但行動敏捷，經常沒注意牠已跑到腳邊來，小心別踩到牠。

從樓梯或陽台摔下來

蝴蝶犬能輕易爬到高處，小心別讓牠從樓梯或陽台摔下來。當牠自由活動時，多留意牠的行動。

從椅子或桌子上跳下來

在桌子上放食物，或以爲蝴蝶犬爬不上來－－這都是飼主常犯的錯誤。

從腳踏車跳下來

不管是正在騎或停止的腳踏車都要小心，也不要把牠放進前面的籃子裡。

第3章

進入成熟期後可進行絕育手術

爲了愛犬的幸福，可考慮絕育手術。

母狗每六個月爲一發情週期

蝴蝶犬母狗在出生六~十個月左右，首次迎接發情期，只要和公狗交配，就有懷孕的可能。母狗的發情期約持續數週，一過發情期，母狗就不喜歡公狗求歡，此後以六個月左右爲一發情週期。

公狗的性徵成熟期比母狗晚一些，但沒有一定的發情期，一年四季都可以交配，若受到發情母狗氣味的刺激，會激發自己交配的慾望。

如此一來，狗狗的犬子犬孫會越來越多，如果飼主無意讓愛犬繁

做過絕育手術後，公狗可預防睪丸或前列腺，母狗可預防卵巢或子宮方面的疾病。

公狗性徵成熟時的因應方式

騎乘動作
公狗會騎乘在人的膝蓋上，當作補償性的交配行爲，應視若無睹站起來或嚴厲斥責制止。

做記號
公狗會在散步途中頻頻撒尿，像其他狗狗誇示自己的存在；但爲避免影響環境衛生，應限制其尿尿次數。

對母狗感到興趣
公狗對母狗感到興趣是天性，但一不小心就會讓母狗懷孕，絕對不要讓牠接近發情中的母狗。

殖下一代的話，最好還是帶公狗或母狗進行絕育手術。

絕育手術是狗狗之福

或許有人認爲人類根據自己的考量抹煞狗狗自然的繁殖本能，實在有點殘酷。但是，不在預期下出生的幼犬，結果不是被人棄養就是被安樂死（據說光是台灣一年就高達四～五萬隻），這樣不是更殘忍嗎？

而且，一般人所養的狗狗，除非是以繁殖爲目的，否則即使發情了也沒有交配的機會，這樣反而會讓公狗產生莫大的壓力。

更何況做過絕育手術的狗狗，因爲切除了睪丸或卵巢（包括子宮），公狗可預防睪丸或前列腺疾病，母狗可預防卵巢或子宮方面的疾病，公狗的個性也會更沉穩。

COLUMN 母狗的發情期

生理出血時母狗會自行舔舐，萬一弄髒地板時，可讓牠穿上專用的生理褲。

性徵成熟的母狗以六個月左右爲一發情週期

不過，動過手術的狗狗比較容易發福，飼主一定要每天帶牠做足夠的運動。

飼養蝴蝶犬的建議

FILE4

喜歡嬉戲的蝴蝶犬
適合能好好照顧牠的人！

埼玉縣　人見浩一

一個月半大剛到家時，體重只有 850g 的李奧。

玩累了，小憩一番！

「接下來要玩甚麼呢？」

我家的李奧

公狗・1歲11個月大

「這是我最愛的狗窩，很美吧！」

我家的李奧長得非常可愛，脾氣又好，很喜歡玩耍，正適合我這種希望牠隨時陪在身邊的人。牠平常都在家裡自由活動，但好笑的是，牠很喜歡從洗衣籃中叼出太太的內衣把玩。冬天我爲牠鋪上熱毯子，夏天給牠睡冰枕，並打開空調調整室溫。李奧的行動敏捷，等你發覺時牠已經跑到腳邊來，要小心別踏到或踩到牠，並注意房門的開開關關。一旦給牠吃人類的食物，牠就會食髓知味，所以除了狗狗專用食物和蔬菜外，其他的食物都不要亂餵。在照顧上，一天一次用刷子和細梳梳理皮毛，一天兩次三十分鐘的散步即可。每當我上完廁所回來，李奧就高興得又叫又跳，我看報紙時牠也想坐上來分享，實在是可愛極了。

第4章

吃飯的餵法與教養的方法

參考體重與運動量決定適當的食量

體型雖小但食慾旺盛，食量依狗狗而有差異。

飼主要確實掌握狗狗的食量

雖然蝴蝶犬的個性相當活潑，但每隻狗狗的好動程度還是有差別，飼主應該仔細觀察愛犬的活動量，定期測量體重，提供狗狗適當的食量。

肥胖為百病之源，飼主要確實注意狗狗的身材。

如果你給牠的食物，牠一下子就吃光，而且還有一點不太滿足的樣子，表示給的份量剛剛好。若牠一直在空空的狗碗旁邊徘徊，表示量不太夠；反之，若每次都沒吃完（除非身體不適），表示餵太多了。

從狗狗的便便也可以判斷牠的食量是否恰當。例如，可以用面紙把便便整個包起來，地板不會留下痕跡的話，表示份量剛剛好。便便如果太軟，表示吃太多；反之便便是一顆一顆的話，表示份量太少。

正確的餵食要訣

不要餵零食
零食會影響狗狗正常的食慾，還會讓牠產生營養過剩的危機。

不要從餐桌餵牠吃東西
有些食物並不適合狗狗吃；一旦餵牠吃習慣了，牠會食髓知味賴在餐桌旁。

邊吃邊玩時馬上收起狗碗
吃到一半開始玩，即使罵牠還是一樣，要馬上收起狗碗，讓牠在一定時間內專心吃飯。

一天餵食的次數與份量

重點	一天的餵食次數	
一過斷奶期到3個月大爲止，消化機能未臻成熟，飲食以少量多餐爲主。各餐的量不見得要一樣，比較餓的早上或傍晚可餵多一些。	一天可在早上7點、正午、傍晚6點和晚上10點左右，分4次餵食。	出生3個月大以前
剛到新家的幼犬充滿緊張與不安，不要強迫牠進食，餵的量只有原來的一半也無妨。等牠逐漸適應新環境，越來越有精神時，再餵正常的份量。	出生2個月大的幼犬，適合進入新的家庭，也是一天餵4次。	剛到新家的飲食
不要突然由餵4次改爲餵3次，應該花一段時間，讓晚餐的量比午餐少，依成長速度改成餵3次，晚上狗狗才不會覺得肚子餓。	4個月以後，早上和傍晚的份量較多，減少正午的份量，一天餵3次。	出生7個月大以前
對狗狗來說，吃飯是一件很快樂的事；所以，一天的份量不見得要一次餵完，留一點傍晚再餵也無妨。	1歲大以前，早上的份量較多，晚上較少，一天餵2次。1歲大以後，只要早上餵一次即可。	出生8個月大以後

即使沒吃完時間一到也要收起狗碗

狗狗的吃飯時間以三十分鐘爲準；一過吃飯時間，即使牠還沒吃完，也要收起狗碗，到下次吃飯以前不要餵牠吃任何食物。如果飼主心軟擔心牠沒吃飽，又餵牠吃其他東西的話，會讓牠誤以爲即使東西沒吃完，還是會有其他食物可以吃，久了就會養成偏食的壞習慣喔！

食慾旺盛的蝴蝶犬，一旦體型過胖，加上運動量不足的話，容易引發許多疾病。通常脂肪會由腹堆積，可用手摸摸這裡或量量體重，即可了解狗狗是否太胖了。

越是喜歡動來動去的狗狗，越要留意牠的食量。

以狗糧爲主時，要選擇「綜合營養食品」。

食道纖細適合顆粒小的狗糧

玩累了以後，正在享受美食的狗狗。

選擇適合愛犬成長過程的狗糧

狗狗身體所需的營養成分大致與人相同，除了三大營養素——蛋白質、脂肪和碳水化合物外，也需要維他命、礦物質等養分，但其需要量不同於人類，蛋白質的需要量多達人類的四倍以上呢！

如果飼主爲了狗狗的營養均衡，每次都要花時間和金錢調製狗食的話，實在有點麻煩。所以，現在市面上出售的各類狗糧，正好可以解決飼主這方面的困擾。其中特別標記「綜合營養食品」的狗糧，均衡調配了狗狗所需的營養成分，只要定時定量餵食，不需再由其他食物補充營養。而且，這些狗糧種類繁多，從配合狗狗成長過程——幼犬、成犬或老狗專用，到懷孕、授乳或減肥用等等應有盡有，十分方便。

COLUMN 不一樣的狗糧含有不同的熱量

成長期專用的幼犬狗糧，含有較高的熱量；反之，消化能力變差的老狗，適合低熱量的狗糧，需要減肥的胖狗狗，要吃低卡狗糧。每一種狗糧都有不同的熱量，只要用法正確，不必減少狗狗食量也可以控制熱量。

按照水分含量分類的狗糧

狗糧可依照水分的含量加以分類；其中水分含量只有十%的乾狗糧，爲固齒顆粒狀，營養均衡的綜合營養食品。蝴蝶犬因食道纖細，最好選擇顆粒較小的乾狗糧。

除了乾狗糧以外，還有比乾狗糧軟，口感像肉類的半生型狗糧（水分含量二十五～三十五%）和軟乾狗糧（水分含量二十五～三十%），而水分含量多達七十五%的罐頭型狗糧，也屬於綜合營養食品；但因爲只有肉類，營養比較不均衡，可加少量乾狗糧刺激食慾。狗狗若只以肉類爲主食，無法攝取足夠的鈣質，會導致骨骼疏鬆或牙齒鬆動。

各式各樣的狗糧

罐頭型
將牛、雞、豬的肉或內臟加熱處理成的狗糧，要補充其他的食物。

乾燥型
營養均衡、口感較硬，有利於幼犬的牙齒或下顎的發育。

半生型
半生柔軟的口感狗狗愛吃，但不易保存，營養比不上乾狗糧。

軟乾狗糧
比半生型還具彈性，但營養價值或保存性都比不上乾狗糧。

點心棒
常當作教養或訓練時的小獎賞，不能給牠吃太多。

充分嬉戲與進食的蝴蝶犬，長得越來越討人喜歡。

第4章

想換狗糧時要慢慢混入新的產品

狗糧雖然方便，自製狗食也很貼心。

不要隨便改變狗糧的品牌

幼犬剛到家的前一個星期，最好餵食之前飼主使用的狗糧。這是因爲不同品牌的狗糧會有不一樣的風味、口感或原料，容易讓狗狗因爲吃不習慣而拒食。如果非要更換狗糧品牌的話，要以一周的時間慢慢換過來。

對狗狗來説，吃飯和運動都是每天最快樂的事。

確認狗糧的製造日期

狗糧也有一定的賞味期限，製造後一年內食用才不會損及風味。購買時請確認包裝上的製造日期，最好不要大量囤積，以免過了賞味期限。

COLUMN 想更換狗糧品牌時

若想把之前飼主使用的狗糧品牌換爲家裡的狗糧，不要一下子全部換成新的，應該慢慢減少舊的增加新的，花一週的時間換過來，同時留意狗狗食慾或排便狀況。

若要自製狗食需注意狗狗的營養

如果調製狗糧不必花很多時間的話，相信很多飼主都願意自己做。對於習慣生食的狗狗來說，新鮮食材調製好的狗食，當然比機器加工製狗糧來得美味可口。而且自製狗食，還可以依狗狗當天的健康狀況，調整飲食的內容。

但是狗狗需要的營養畢竟不同於人類，想自己調配狗食的飼主，有必要好好研讀狗狗所需的營養學分。

像脂肪含量少的牛肉、豬肉、雞肉、豬肝、牛奶、蛋類或蔬菜等等，都是適合狗狗吃的食物。其中肉類和蔬菜可以分別煮熟，以稀釋的味噌湯調味，放進麵、飯或麵包裡，作成營養的什錦粥，但要注意別攝取過多脂肪或鹽分。平常加點小魚乾，也可以補充鈣質喔！

COLUMN 狗狗不能吃的食物

狗狗吃東西都是用吞的無法充分咀嚼，所以像花枝、章魚、蝦子、蒟蒻、香菇、筍子等食物，容易引起消化不良。洋蔥會導致貧血或血尿，巧克力對狗狗也有害。

親自調製狗食的Q與A

Q1 狗糧和自己做的狗食，哪種適合狗狗吃？

狗狗當然比較喜歡用新鮮食材調製好的狗食，但是，想調製出品質良好的狗食，對狗狗的營養學要有充分的了解。從這點來看的話，狗糧的營養比較均衡，又不必花時間調製，可以讓狗狗安心食用呢！

Q2 若熱量一樣的話，狗狗喜歡吃哪一種？

狗糧的熱量已經濃縮在整個罐頭裡，即使吃的量沒有自製狗食那麼多，還是可以獲取足夠的熱量。但對狗狗來說，量多一點似乎比較有飽足感，這也是自製狗食的優點之一吧！

Q3 可以餵狗狗吃人類的食物嗎？

狗與人所需營養成分的量不一，直接給牠吃人類的食物，會危害牠的健康；自製狗食時，要特別注意用來調味的食材種類或脂肪含量。

吃飯的教養

正確的飲食習慣，爲孕育出健康聰明狗狗的根本。

日常吃飯的教養

聽從飼主的指令開始進食，能讓狗狗建立明確的主從關係。

發出「坐下」指令，將狗碗拿到狗狗頭上讓牠坐下來。一開始可輕壓牠的腰，幫牠坐下來。

讓狗狗坐著，放下狗碗，伸出手發出「等一下」的指令。若牠不聽指令想吃的話，拿走狗碗再從頭訓練。

讓牠等約 5 秒鐘，再發出「開動」指令，示意狗狗吃飯。有些成犬會咬那些碰牠狗碗的人，所以從幼犬起，就要讓牠習慣你把手放進狗碗裡。

聽從飼主的指令開始進食

狗狗每天應在相同的地方吃飯，因爲狗狗屬於群體生活的動物，有讓領導者先吃飯的規矩。即使在家裡也應該是飼主先吃，吃完後再餵牠。

有些狗狗到了快吃飯的時候，會一直叫催促主人張羅牠的飯；一旦飼主有了反應，會讓牠養成爲所欲爲的習慣。所以，不要理會狗狗的乞求或吠叫，等牠安靜下來再考慮牠的需求。

再者，吃飯的時候要讓狗狗聽從飼主的「坐下」、「等一下」和「開動」等指令再吃，爲了培養狗狗的服從心與忍耐力，一定要每天訓練讓牠養成習慣。

狗狗想偷吃時——

狗吃人的食物會危及健康，一定要徹底改掉牠這個壞毛病。

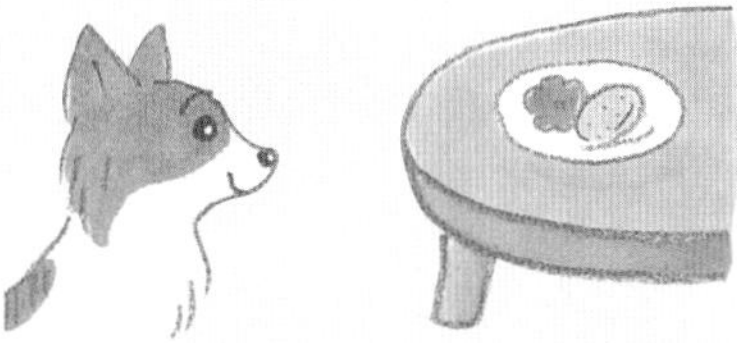

放在餐桌上的零食，容易引誘狗狗偷吃。

發現狗狗想偷吃時，當場嚴厲制止說：「不可以！」

或者是用報紙敲打牆壁加以制止，發出不愉快的聲音矯正牠的錯誤行爲。

狗碗應與狗狗的胸骨一樣高；可利用市面上的狗碗架或以空箱子架成適當的高度。

狗狗一直吵著吃飯時——

對吃飯時就興奮地跑到腳邊吵個不停的狗狗，應視若無睹直到牠冷靜下來。

有些狗狗一到吃飯時間，就會興奮地叫個不停，即使關在狗籠裡也是一樣。

飼主對此行爲應不予理會，直到狗狗冷靜下來再餵牠吃飯。

幼犬有時會邊吃邊玩；一發現牠又開始玩了，當場把狗碗收起來，並要求牠在一定的時間內吃完。

再者，即使狗狗顯示想吃人類食物的可憐模樣，也不能餵牠。一旦破了戒，讓牠嘗到甜頭，以後只要人吃東西牠就在一旁搖尾乞憐，日子久了難免生病或變胖。當你無視於牠的乞憐，讓牠在乞求的過程中約束自己任性的行爲，不久牠就會了解不能乞求人類食物吃的道理。

飼養蝴蝶犬的建議

FILE5

表現能力優異的最佳伴侶

大阪府　山崎芽蕗

喜歡外出的芭比，看見盛開的櫻花十分興奮。

芭比和牠的好朋友拉姆的合照。

最愛在院子曬太陽的芭比

我家的芭比

母狗・2歲4個月大

充滿好奇心的芭比，正在床上「探險」呢！

在養狗以前就覺得蝴蝶犬看起來優雅又高貴，在寵物店看到芭比更是令我動心。平常我家的門都會打開，方便芭比自由進出。我會在地上鋪個墊子或毯子，當作芭比專用的遊戲空間；並定期修剪牠腳底的毛，避免牠滑跤。在寒冷的冬季，我讓芭比穿件衣服或裹著圍巾再出門。刷毛的話一天一次即可，因爲芭比幾乎不怎麼掉毛，整理起來很簡單。耳朵的清潔一周一次，爪子則定期修剪。至於洗澡，夏天一個月洗兩次，冬天一個月一次。我家的芭比似乎不怎麼愛散步，所以，牠在上午和下午各有一小時，可在院子裡自由活動。聰明的芭比十分善解人意，常用整個身體表達牠的情感呢！

第5章

消除壓力的運動與散步的方法

很快地你家的蝴蝶犬也會愛上散步喔！

使用細牽繩才不會傷害皮毛

像蝴蝶的耳朵需要做日光浴

平常就很愛在室內跑來跑去的蝴蝶犬，對於外面的運動或散步，當然更喜歡。每天散步可說是幫狗狗消除壓力最好的方法，和飼主一起跑步或一同玩球，更可聯繫人犬間的感情。

為了狗狗的健康，可做日光浴的散步當然不可或缺；尤其是雙耳宛如蝴蝶般翩然起舞的蝴蝶犬來說，缺少日光滋潤的雙耳，恐怕無法豎立。所以，陽光普照的日子，記得帶愛犬出門做做日光浴喔！

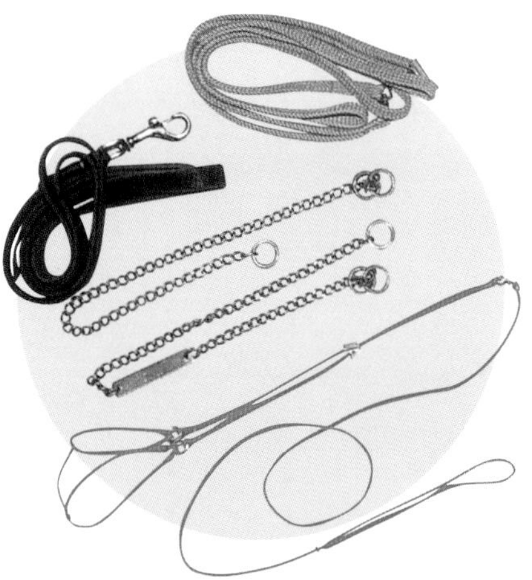

項圈和牽繩的種類很多；蝴蝶犬以寬約 8mm 的牽繩比較不會傷害皮毛。

四個月大以後比較適合外出

等幼犬完成第二次疫苗注射一個月，體內形成抗體後，再帶牠出門。剛開始可以抱著，和牠說說話，讓牠習慣外面的噪音或不同的景色。接下來由飼主拉著牽繩，帶牠四處走一走；等牠比較大了，一天一～兩次，走約三十分鐘。

飼主不要過度用力拉扯牽繩

蝴蝶犬的皮毛相當纖細，應選用細繩狀的項圈或牽繩，才不會傷及牠的皮毛。

幼犬剛繫上牽繩時，可能不聽指揮四處亂跑；儘管如此，飼主不要爲了把牠拉回來，就用力拉扯牽繩。因爲六個月大以前的幼犬，骨骼發展還未成型，一旦被人用力拉扯，可能會破壞牠四肢的平衡感，不可不慎。

散步時，儘量選在泥土或碎石子路，避開雜草叢生的地點，以免蝴蝶犬又細又多的皮毛沾滿雜草，或者是讓蟎蟲有可趁之機。

讓狗狗習慣戴項圈和牽繩的方法

1 首先幫牠綁個小蝴蝶結讓牠在室內玩，習慣後加條細繩。

2 等牠習慣細繩後，試著拉拉繩子；如果牠不喜歡，停止拉扯的動作，再重複練習。

3 等牠習慣被拉繩子後，把蝴蝶結換成項圈和牽繩，試著拉拉牠跟牠說：「過來！」

準備一些玩具

這些玩具不僅可讓狗狗在室內玩耍，還可帶到室外和牠一起嬉戲聯絡情感。

COLUMN 狗狗感到害怕時…

帶狗狗散步才能讓牠接觸不同事物，聽聽各種聲音，探索住家以外的世界。如果狗狗覺得很害怕，飼主可先抱著牠，在安靜的地方和牠說說話，讓牠習慣不同的刺激，觀察牠的情形再輕輕地把牠放到地上。

夏天與冬天的散步時間並不相同

夏天避開過強的日照，冬天選在溫暖的時間。

配合領導者——飼主的步伐前進

帶狗狗出去散步，才有機會讓牠接觸別人的撫摸，聽聽陌生人的聲音，讓牠了解除了飼主和家人以外，這個世界還有許多不同的人，藉以去除狗狗過度警戒或攻擊的性格。而當牠碰上其他狗狗時，也是牠從人類社會規矩中解放的好機會。

夏天要選在涼爽的早上或傍晚，帶狗狗出去散步。因夏季的陽光很烈，個頭嬌小的蝴蝶犬一經地面的熱氣反射，容易中暑。尤其像柏油路面，一定要先確定地面的溫度。這時腳掌肉墊中的毛，可以留長一些，以保護四肢。但到了冬天，應該選擇溫暖的時間帶狗狗出門散步。

散步可讓狗狗接觸家裡以外的世界，有助於牠的心理成長。

◆幼犬的運動量

等幼犬完成第二次疫苗注射一個月，體內形成抗體後，就可以帶牠出門散步了。不過，剛開始散步的時間不要太久，一天大約十五分鐘就夠了。這時飼主可讓幼犬到牠想去的地方——因為讓牠接觸外面的空氣，享受散步的樂趣，才是這個時期散步的目的。

◆成犬的運動量

至於成犬的話，一天兩次，各約二十~三十分鐘即可。除了例行的牽繩運動外，還可以帶去公園等安全的地方，解開牽繩讓牠自由活動。不過，蝴蝶犬體型嬌小，行動又敏捷，要小心別讓牠走失了。

和蝴蝶犬一同嬉戲！

解開牽繩讓牠自由活動

可以帶去公園等安全的地方，
解開牽繩讓牠自由活動。

玩具或球類遊戲

和牠一起玩球嬉戲，可以聯絡
情感喔！

在公園做日光浴

在陽光較稀的冬天，尤其需要
日光浴維持狗狗的健康。

狗狗間的遊戲

跟其他狗狗一起玩，可讓狗狗
的身心獲得紓解。

不必硬性規定每天的散步時間

如果飼主每天準時帶狗狗出去散步的話，因蝴蝶犬的記性超好，時間一到牠就會一直吠，催主人趕快行動，這或許會對飼主造成負擔。但因爲狗狗也需要規律的生活，飼主不妨考慮天候等因素，給自己一個較有彈性的散步時間。

運動量不足的狗狗易生壓力，因需求不滿
亂吠亂叫。

散步的規矩與教養的方法

利用牽繩配合飼主的步伐前進。

教狗狗乖乖跟隨飼主的步伐前進，享受散步的樂趣。

讓狗狗站在自己的左邊，牽繩稍微放鬆些；或用右手抓牽繩末端，左手抓著中間。走路以前先向狗狗示意一下。

若牠想跑到前面去，要指示牠：「慢一點」，並瞬間拉牽繩控制下來，力道要適中。

邊走邊向左彎或向右彎，改變行進方向；右彎時牽繩向右側拉直。

飼主握有散步的主導權

在幼犬適應外在環境以前，散步時可按照牠的步伐前進；但等牠骨架充分發達，自立性也足夠的五～六個月大時，就要配合飼主的腳步前進。雖說蝴蝶犬身型嬌小，不太擔心會被牠拉著走，但即使是散步這麼尋常的事，飼主若不取得主導權，對狗狗的整個教養會有不良的影響。

所以，飼主要好好地練習帶領狗狗散步的方法。

像出入家門時，一定是飼主在前面；若牠想跑到前面去，必須要求牠等一下。

在外面散步時，基本上狗狗要

散步後的清理

狗狗散步回家之後，需要清理毛身，刷除沾在皮毛上面的灰塵或污垢，再用浸過溫水的毛巾仔細擦拭臉、四肢和身體。如果是風大的日子，灰塵會跑進眼睛裡，可用稀釋過的硼酸水沖洗眼部。

清理全身刷除沾在皮毛上面的灰塵或污垢。

腹部的裝飾毛容易弄髒，可用濕毛巾擦乾淨；眼睛或嘴巴四周用紗布輕拭。

檢查趾縫或腳墊間有無異物，再用濕毛巾擦乾淨。

向左彎時輕拉牽繩控制狗狗的方向，避免牠跑到前面去。

飼主該有的公德心

飼主要有公德心，不要讓狗狗在別人的家門前、公園的小路或戲砂場等地方隨意大小便。萬一便便了，一定要用報紙或塑膠袋馬上清理乾淨。平常要訓練狗狗，養成在家大小便的習慣。爲防走失，愛犬記得掛上狗牌或名牌。等牠完全熟悉了等一下或過來等指令，再拿掉牽繩讓牠自由活動，或去人跡少的空地玩。活潑的蝴蝶犬屬於社交型犬種，很喜歡親近別的狗狗；但爲了禮貌，還是先跟飼主打一下招呼，再讓愛犬接近其他狗狗吧！

走在飼主的左邊。若牠想跑到前面去，要指示牠：「慢一點」，並經常改變行進方向。

狗狗散步時，會聞聞地上的氣味，公的成犬還會撒尿做記號；但在不宜隨地大小便或要注意教養的地方，最好還是限制一下狗狗方便的次數比較好。

Gorgeous Papillon

一雙宛若蝴蝶般的立耳

姿態優雅的蝴蝶犬

攝影 中島眞理

美麗的蝴蝶犬——你喜歡褐色或黑色的呢??

同樣是蝴蝶犬，因血統不同，還是會有些差異。

像額頭白色的線條粗細不一，也會給人不同的印象呢！

蓬鬆如松鼠的大尾巴，正是蝴蝶犬的魅力之一。

抬頭挺胸的蝴蝶犬，看起來精神十足。

跑跑跳跳全身散發美感的蝴蝶犬。

這不是打架喔！其實是感情很好的表示啦！

Gorgeous Papillon

一雙宛若蝴蝶般的立耳

姿態優雅的蝴蝶犬

能在草原上儘情奔跑的感覺——棒極了！

「我們一起來玩吧！」

「我們來比比看，誰跑得比較快？！」

Gorgeous Papillon

一雙宛若蝴蝶般的立耳

姿態優雅的蝴蝶犬

體型雖然嬌小，玩球能力卻是一流的喔！

這裡有股熟悉的味道……

在綠草如茵的草皮上玩耍，感覺眞舒服！

「喂…球球借我玩一下，好不好啦…？！」

飼養蝴蝶犬的建議

FILE6

女兒不在家時的可愛伴侶

神奈川縣　金子勝枝

「不給我點心吃，襪子就不還你喔！」

爬這麼高，要找甚麼呢？

正在等人帶牠出門散步的原子

我家的原子
公狗・6歲10個月大

可裝便便喔！散步時隨身攜帶的小袋子。

因爲讀中學的女兒經常不在家，我就想養一隻可愛的狗狗作伴，最後決定飼養蝴蝶犬。我家的原子平常都在家裡跑來跑去，也很習慣在狗籠裡的便器如廁。

牠很喜歡隔壁的吉娃娃——托姆，一天到晚黏在一起。通常早上牠會在前面的空地自由活動（解開牽繩），傍晚再帶牠出去散步。我平均兩週或三週才幫牠洗一次澡，平常也很少幫牠刷毛；但是，今年牠似乎特別會掉毛，我只好用舊衣物縫成適合牠穿的狗衣服讓牠在室內穿。自從我讚美牠很聰明，會把家人脫下的襪子叼給我以後，這就成了牠例行的功課。甚至朋友來訪時，牠也一直咬著人家的襪子要求別人脫下來，一被我制止牠就顯得垂頭喪氣，看起來眞是好玩！自從我的母親過世以後，我經常感嘆人生無常；幸好有原子一直陪著我，度過這段傷心的時期。

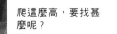

第6章

健康管理與
需要注意的疾病

第6章

健康管理需配合季節變化

狗狗是耐寒不耐暑的動物，健康管理的重點爲何呢？

管理狗狗的健康，應該配合天氣的冷熱或濕氣等四季的變化，注意不同的細節。

春天 Spring

別忘了注射狂犬病等疫苗

對狗狗來說，春天和秋天都是比較舒服的季節。這時牠的新陳代謝速率加快，食慾也相當旺盛；不過，每餐只要餵八分飽，以免吃太多造成消化不良。

春天也是狗狗好發疾病的季節；除了傳染病以外，腸內寄生蟲或皮膚病，都很常見要特別留意，飼主也別忘了帶狗狗注射狂犬病疫苗。

夏天 Summer

注意皮毛或耳內的清潔

夏天的暑氣常讓汗腺不發達的狗狗透不過氣。像蝴蝶犬這種室內犬，需要吹冷氣度過炎夏，但因爲小型犬比較貼近冷氣滯留的地板，故冷氣別開太強，以免損害身體健康。

其他還要小心以蚊子爲媒介的犬心絲蟲症，或蚤類寄生引發的皮膚病等問題，增加洗澡的次數但也不要過於頻繁，每天幫牠刷毛，以保持狗狗身體的清潔。

梅雨季 The Rainy Season

濕氣與悶熱會損害健康

梅雨季節的高溫潮濕爲蝴蝶犬健康上的大敵；這時要避免將狗籠或狗屋放在潮濕悶熱的地方，經常更換裡面的毛巾。

萬一雨下個不停，狗狗無法出去散步，心情恐怕也不會太開朗，這時飼主儘可能找時間陪牠一起玩吧！

下過雨的地面，容易弄髒狗狗的腳底，或像蝴蝶犬這類小型犬的腹部，所以散步回家後，一定要確實擦乾這些部位，免得因爲悶濕引起皮膚病。

這時的食物殘渣很容易腐壞，狗狗沒吃完的東西要儘快處理掉。

秋天 Autumn

食慾旺盛避免過胖

秋天是讓狗狗恢復因夏季溽暑消耗之體力的季節，原來失去的食慾也逐日增加，需要每天運動以免過胖。這時也需要每日梳理皮毛，儘快恢復因暑氣或食慾不佳而喪失的光澤度。

秋天日夜溫差大，幼犬、老狗或室內犬尤其要小心別感染到風寒。飼主要提供足夠的營養，以備狗狗囤積皮下脂肪過冬，或增加皮毛的厚度。

冬天 Winter

特別留意呼吸系統方面的毛病

到了冬天，室內犬也需要暖氣的呵護，但不要讓牠直接對著熱氣吹，並注意空氣的流通避免氧氣不足。

冬天因爲空氣乾燥，容易引起支氣管炎、肺炎、咽喉炎等呼吸器官方面的問題。發現狗狗發燒、流鼻水或咳個不停時，要即刻帶去獸醫院檢查。冬天因日照機會少，可選在有陽光的時段帶狗狗散步。天氣太冷的話，人不免有惰性不想出門；但爲了狗狗的健康，飼主還是應該積極點。

第6章

蝴蝶犬從七歲以後進入老狗期。

儘量讓牠舒適地度過餘生

飲食

以高優質蛋白低熱量為主

剛進入老狗期時，繼續吃原來的狗糧也無妨；但因為老狗的消化能力慢慢變差，最好多餵容易消化的高蛋白低熱量食物。

份量可依其食慾增減；若食量太少的話，可如同幼犬期，將一天的量分成兩～三次餵食。

可以的話，將狗糧改為幼犬或老狗專用。對於那些因為老化、牙齦發炎、牙齒脫落、下顎無力的老狗，可將乾狗糧以熱牛奶或熱湯泡軟再餵。

至於飲用水的話，不限於吃飯時間，可隨時供應新鮮的水源。

狗狗變成老狗以後，外表也逐漸改變。

運動

即使時間很短仍需規律運動

散步可以預防狗狗肌肉衰老，更可紓解身心的壓力。老狗的活動力變差，但為了維護身體的健康，

COLUMN 狗狗壽命延長的同時也因文明病早夭

拜動物醫療的進步與營養均衡食物的增加，狗狗的平均壽命延長為12～13歲，像蝴蝶犬也有活到16歲的例子。反之，因為糖尿病、心臟病或癌症等文明病而往生的狗狗也不少。

所以，唯有飼主的用心照顧，加上獸醫的細心看護，才能讓狗狗長命百歲呢！

還是需要每天規律的運動。光吃不動的狗狗易導致肥胖，一天最好帶老狗出門散步兩次，時間可以短一些。萬一牠不想動，也不要勉強牠出去；天氣過熱或太冷時，和牠在家玩玩也可以。

飼主不要忽略狗狗每一處細微的變化，
一年做一次精密的健康檢查。

健康管理

早期發現 早期治療

七歲之後，老狗需要每年做一次精密的健康檢查；十歲之後需半年檢查一次，即便如此，疾病還是會在不知不覺中上身，所以，即使是一點點異狀，也要儘早帶去給獸醫檢查。而幫狗狗刷毛不僅是爲了清潔，還能刺激皮膚促進血液循環，維持身體的健康呢！

老狗身體各部位的變化——

飼主的溫柔相待可以充分舒緩老狗身體上的違和與不適。

耳朵 雖然有些重聽，但聽覺仍很靈敏，沒有我們想的那麼糟糕。

眼睛 雖然逐漸看不見，但會慢慢習慣，不要經常移動家具位置。

皮毛 雖然逐漸喪失光澤，但每天幫牠刷毛可以延緩光澤度的流失。

四肢 腰腿日漸無力，地板要鋪上防滑墊，狗碗放高一些方便進食。

第6章

準備狗狗專用急救箱以備不時之需

早期發現愛犬身體的異常，為飼主的責任。

徹底掌握愛犬的健康狀況

和人類一樣，狗狗的疾病也首重早期發現早期治療。像蝴蝶犬這類嬌小的犬種，對抗疾病的體力比較差，如何早期發現異常就顯得格外重要。

因為蝴蝶犬本身十分活潑好動，如果發現牠有氣無力、叫牠也不理人、尾巴下垂或無力吠叫，甚至不想出去散步時，就要注意了。

像食慾或便便也會透露身體的異常訊息，故平日要確實掌握狗狗健康時的食慾或排便狀態，這也是早期發現疾病的第一步呢！

平日與愛犬建立親密關係，早日發現身體的異樣。

狗狗專用的急救箱——

也可以利用人類的急救箱，但最好準備狗狗專用的急救箱。

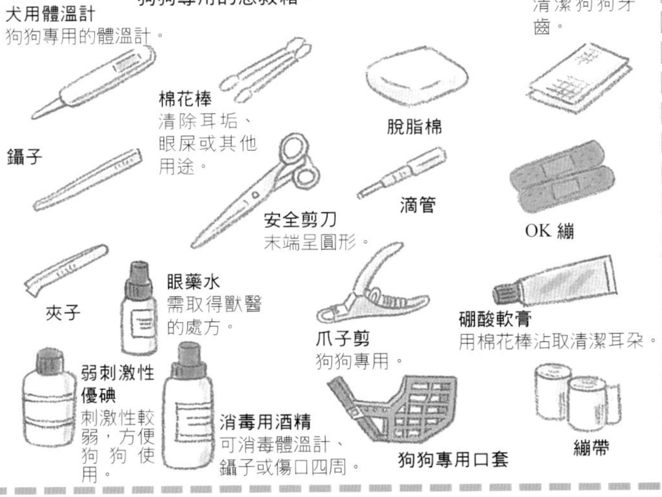
紗布
包紮傷口或清潔狗狗牙齒。

狗狗專用急救箱的內容物

如果能為愛犬準備一個專用的急救箱，不管是平常的健康管理，或處理輕傷等意外就簡單多了。

急救箱裡的物品應該和人類的差不多，但要準備狗狗專用的體溫計，指甲剪最好也用狗狗專用的爪子剪。

消毒藥水也可用人類的，但有些刺激性太強，要特別小心。至於眼藥水應該配合狗狗的體質，取得獸醫的處方箋再去選購。

再者，為避免幫愛犬處理傷口時被咬，最好幫牠套上專用的口套保護自己。

每週一次檢查愛犬的身體——

記錄每一次檢查的結果，充分掌握愛犬的健康狀態。

測量脈搏數

用手輕壓愛犬後腳的股動脈測量；正常的脈搏數成犬 1 分鐘是 70～120 次，幼犬為 100～200 次。

測量體溫

將沾過肥皂的體溫計插入愛犬肛門約 3 ㎝處測量 3 分鐘；狗狗的平均體溫為 37～39.5℃，幼犬的體溫會比這個高一些。

測量呼吸次數

在愛犬安靜時，把手放在牠的心臟測量；一呼一吸算作一次。正常的話，1 分鐘的呼吸次數大約 20～30 次，小型犬的次數會比中大型犬稍多。

測量體重

可用 5 ㎏用的彈簧秤，或 12 ㎏用的幼兒磅秤測量，這時狗狗不可以亂動。

當個觀察入微充滿愛心的飼主，守護愛犬的健康。

第6章

選擇風評良好的獸醫

挑選值得信賴的獸醫，守護愛犬的健康。

爲愛犬選擇良好的動物醫院是飼主的責任

如何尋找優良的獸醫？

爲了保護愛犬，在牠還健健康康的時候，就要爲牠找個值得信任的家庭獸醫。

向住家附近的飼主們蒐集情報，是尋找優良獸醫的捷徑；如果找不到合適的飼主，也可以跟當地的衛生所或獸醫公會探聽。

不管是多有名氣的動物醫院，如果離家裡太遠，有時會來不及處理狗狗的緊急狀況；或者飼主很容易因爲太遠嫌費事，漠視狗狗有點異常的身體狀況。所以，最好就近在住家附近尋找狗狗的家庭獸醫。

決定動物醫院後，試著帶愛犬去做健康檢查，看看這位獸醫的專業能力如何。

如果確定這位獸醫的專業能力經得起考驗，就不要隨便更換獸醫。因爲經由同一位獸醫的長期接觸，他才能充分了解狗狗的體質或

COLUMN 利用寵物保險

一般來說，動物醫院的收費沒有一定的標準，寵物也沒有類似人類的保險制度，有時候高額的醫藥費常讓飼主大吃一驚。

在日本有一個寵物主人俱樂部，設立了互助制度，只要加入成爲會員，每月繳交數千元，不管在全國哪家動物醫院接受治療，均可獲得醫療費用補償。

TEL：03-3588-1120

http：//www.petowner.co.jp

病史，避免不必要的誤診。對狗狗來說，熟悉的獸醫才能讓牠放鬆接受檢查。

飼主的協助有益於狗狗的治療

優秀的獸醫能向飼主清楚解釋檢查結果、疾病症狀或治療的方法；甚至在一開始就說明治療費用等細節，讓飼主覺得很安心。如果他還提供夜間門診或緊急出診等服務的話，那就更令人放心了。

當獸醫治療受傷或生病的狗狗時，也需要飼主的協助。這是因爲飼主平日就經常接觸狗狗，可以清楚地向獸醫說明發病經過或便便的狀態，這對獸醫的診治與判斷，有很大的幫助。必要時，還可以攜帶狗狗的排泄物或嘔吐物，方便獸醫進行判斷。

再者，飼主最好不要因爲療效緩慢，想中途更換動物醫院，這或許不利於狗狗的治療呢！

選擇優良動物醫院的五大重點

1 以附近的診所取代遠處的動物醫院

如果動物醫院離家裡太遠，有時無法即時處理狗狗的突發狀況。

2 選擇信譽良好的獸醫

確定他獲得良好風評的理由，由各項情報中自行判斷。

3 注意診察室的衛生

親自確認它的診察室是否乾淨，有無異味或髒亂不堪的現象。

4 獸醫能否詳細說明症狀

經過細心診治，能向飼主詳細解說愛犬症狀或治療方法的獸醫才有保障。

5 醫療明細一清二楚

若檢查內容與費用支出一清二楚的話，飼主就不必擔心花了冤枉錢。

愛犬偶有病痛發生，應及早爲牠找到合適的獸醫。

第6章

過度活潑的蝴蝶犬，小心骨折或脫臼。

雖然身強體健還是要注意的疾病

蝴蝶犬的體質強健，屬於很少生病的犬種。話雖如此，牠還是有一些需要注意的疾病。只要飼主平常多留意的話，就可以減少罹病的機率。

眼瞼內翻症

因眼瞼的邊緣朝內翻捲，眼睫毛不斷刺激眼角膜表面，讓狗狗流淚不止或引發角膜炎。眼瞼內翻症幾乎都是先天性的，且大多在狗狗六個月大時發作。這時狗狗會一直流眼淚，宛如異物入侵眼睛般，不斷用前腳摩擦眼部。

■治療與預防方法

症狀輕微的話，長大一點即可痊癒；平常可幫狗狗點些眼藥水，防止牠因不斷摩擦而掉毛或局部發炎。

嚴重的話必須動手術治療。

蝴蝶犬雖然體質強健，也不能輕忽健康的管理。

股關節脫臼

當連接骨盤之髖骨與大腿骨的圓韌帶斷裂，使大腿骨自髖骨臼窩中脫落，稱爲股關節脫臼。這時狗狗會出現跛腳不良於行，或需要提起脫臼之腳腳才能走路的現象。

■治療與預防方法

狗狗需全身麻醉，由獸醫將脫臼的關節放回原位，再靜養四～五天，平常不要讓狗狗有機會從沙發等較高的地方跳下來。

進行性視網膜萎縮症

雖然也有因外傷或發炎引起的後天性病例，但它幾乎都屬於先天性，視網膜細胞逐漸萎縮，一開始夜間視力出現障礙（夜盲症），後來眼睛完全看不見。

■治療與預防方法

如果狗狗老是撞到東西，就要找獸醫檢查了。這種疾病無法預防，但有藥物可以延緩症狀。

外耳炎

因皮膚過敏、皮脂漏或食物過敏等造成耳內濕黏，引起細菌或黴菌感染，讓狗狗的耳朵很癢。如果變成慢性外耳炎，會讓耳道變窄，甚至堵塞。

■治療與預防方法

若由疾病所引起，應該治好疾病與耳疾。平常要注意耳朵內部的清潔，並留意不要傷及耳道。

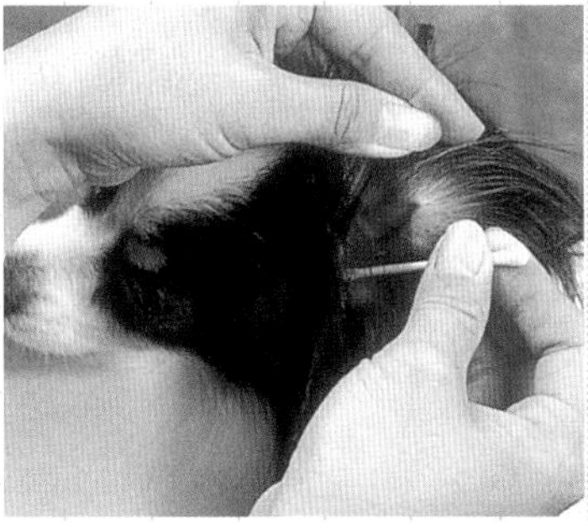

清潔耳朵內部要小心，不要傷及耳道。

飼養蝴蝶犬的建議

FILE7

原本不認識蝴蝶犬，看到書上的介紹就深深爲牠著迷！

岐阜縣　永森誠仁

喜歡兜風的狗狗！

我家的小助

公狗・1歲10個月大

我家的亞由

母狗・1歲8個月大

亞由是隻漂亮的母狗媽媽呦！

和貓咪成爲好朋友！

兩隻可愛的幼犬

我家的小陸

（亞由和小助的孩子）

公狗・9個月大

喜歡擠在沙發（睡舖）上的狗狗們

當初購買這個房子時，就和太太商量飼養蝴蝶犬。我家的蝴蝶犬都在室內活動，和我們一起過著自由自在的生活。夏天和冬天留牠們看家時，也會打開冷暖氣讓牠們舒服些。平均一個月帶牠們去狗狗沙龍一次，常掉毛時會幫牠們刷毛。運動的話，早、午、晚的散步和庭院十分鐘蹓躂就足夠了。我家的小助（公狗爸爸）很有責任感，當亞由（母狗媽媽）或小陸（兒子）挨罵時，牠會想要保護牠們；如果是亞由和小陸吵架了，牠還會充當和事佬呢！在照顧狗狗的過程中，如廁訓練和亂咬桌布的癖好，算是比較辛苦的部分。幼犬的牙床似乎癢得難受，新家的桌布不到半年，就被咬得破破爛爛了。再者，狗狗如吃到會過敏的食物，會嚴重掉毛要小心。還有牠們的腳很細，需留意家裡的樓梯，外出散步時也要注意安全。

第7章

讓狗狗變聰明的訓練與教養方法

第7章

教狗狗認識人類社會的規矩

重視幼犬的教養，才能讓牠過著幸福的生活。

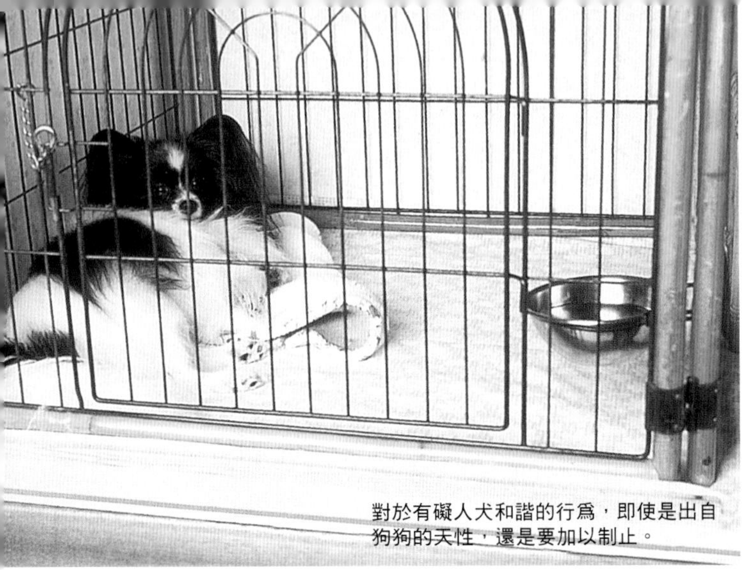

對於有礙人犬和諧的行爲，即使是出自狗狗的天性，還是要加以制止。

幼犬期的體驗與學習決定狗狗的個性

剛帶回家的幼犬都相當討喜可愛。不過，狗狗的成長速度十分驚人，只要一～兩年就會變成充滿自主性的成犬，而變爲成犬之前經歷的體驗或學到的事物，成爲塑造其個性或行爲模式的基礎，這時就算想教牠一些新的東西，牠也無法輕易接受呢！

從抱回幼犬的那一天起，如果沒有意外，牠應該可以陪飼主十幾年。期間爲了讓牠持續獲得家人的關心與寵愛，一起過著幸福快樂的生活，一定要從牠小的時候，就確實教牠認識有關人類社會的規矩。

狗狗在幼犬期身心都有驚人的發展；重要的是，以配合這些發展的適切方法加以調教。

■出生兩～三個月大

這是幼犬離開母狗媽媽和其他

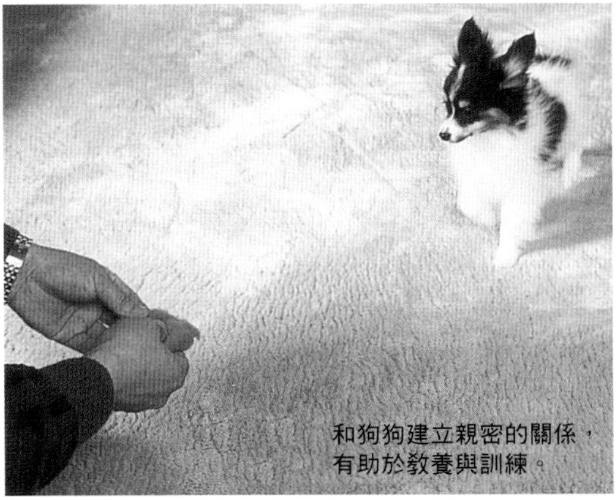

和狗狗建立親密的關係，有助於教養與訓練。

用來教養狗狗的道具

這些道具、玩具或鼓勵用的小點心，可讓訓練工作更加順利。

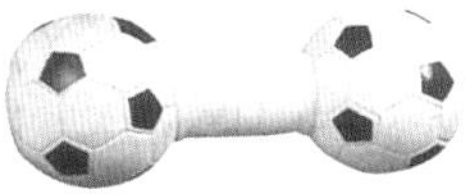

啞鈴玩具

可集中或吸引狗狗的注意力。

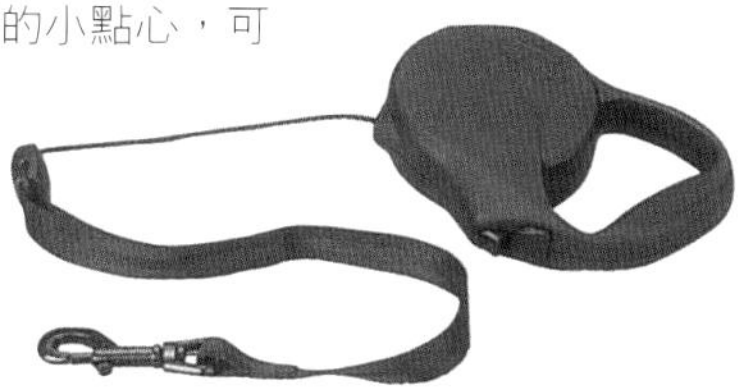

伸縮牽繩

也可以用來訓練狗狗等一下或過來，把手附上調整長短的裝置十分方便。

短牽繩

適用於散步的教養，或訓練狗狗等一下或過來等動作。

狗狗用點心棒

當狗狗做得很棒時，用這些點心棒獎勵牠，但不要餵太多。

手足，進入新家庭的時期。這時的幼犬會從家人身上尋求歸屬感，透過遊戲或親密接觸，和家人建立深切的情感。另一方面，飼主可經由撫摸幼犬全身的行為，自然地培育牠的服從性。此時的幼犬已具備判斷能力，可以教牠區分好或不好的行為，進行吃飯、如廁、進去狗屋或一叫牠就乖乖過來等教養。

要注意的是，此時曾經歷過的恐怖或痛苦經驗，將影響其一生。等注射過必要的疫苗後，再帶牠出門接觸其他犬隻培養牠的社會性。

■出生四～六個月大

這是自主性高，自我意識萌芽的時期。這時的狗狗開始出現家人上下排序的觀念，也會確實服從領導者。牠的體力與精神更加完備，一切的教養也越來越正式。從骨骼發達的六個月大以後，可利用牽繩進行訓練。

■出生七～十二個月大

狗狗這時進入青年期，擁有地盤的觀念，警戒性也越來越強。飼主應該嚴格禁止牠亂吠亂叫，並適度抑制公狗於散步途中撒尿做記號的行為。這時的狗狗非常服從飼主的指令，飼主也應該學習當一個優秀的領導者。

蝴蝶犬屬於適應力好，學習能力強容易訓練的犬種。

第7章

飼主應成爲能讓狗狗信賴的領導者

成爲愛犬的領導者，爲教養的第一步。

狗狗是重視上下排序的動物

狗狗在被人類馴服之前，是一過著群體生活，絕對服從領導者的動物。所以，只要能讓狗狗意識到人類家族是自己所屬的群體，牠就會心悅誠服地眞心服從飼主（領導者）。而且，牠只有對認定是領導者或在牠上位的人才會服從，若認定對方地位不如自己的話，牠反而要對方順從自己呢！

所以，家人一定要居於狗狗的上位，成爲牠的領導者，牠才會順從且容易教養。飼主透過遊戲或親密接觸，給狗狗充分關愛，加強信賴關係的同時，也要掌握遊戲或散步時的主導權、吃飯時飼主先吃、

狗狗是甚麼樣的動物呢？

絕對服從自己所屬群體之領導者的命令。

除了領導者，對其他成員也會排序，確認自己的位置。

如果沒有可以信賴的領導者，狗狗自己會想當老大。

教養狗狗時，要讓牠有位居家裡最低位者的自覺。

床鋪不能共有——藉此明確顯示上下的主從關係。對狗狗百般溺愛毫無規矩的飼主，恐怕很難取得狗狗的信賴。一旦無法讓牠產生信賴感，狗狗自己會想成為領導者，如此一來，牠恐將成為無法調教的問題犬。所以，身為狗主人的飼主要有當個領導者的自覺，好好地教導狗狗認識必要的規矩。

如何成為成功的領導者？

用心照顧狗狗

不用心打理狗狗喜歡的飲食或散步，無法讓牠產生信賴感。

培養親密關係

一同嬉戲多多接觸可培養狗狗的信任感。

不溺愛狗狗

太溺愛狗狗會讓牠誤以為自己才是老大。

取得領導權

飼主取得散步或遊戲的領導權，讓狗狗產生排序觀念。

決定家裡的規矩

所有的家人以相同的態度教養狗狗。

正確的讚美方法

帶點誇張感的讚美

帶點誇張感的讚美，比平淡的語氣更能讓狗狗感受到自己的好表現。

當場讚美牠

若沒當場讚美牠，狗狗會弄不清楚自己爲何被稱讚。

利用玩具或點心

玩具或點心有吸引狗狗注意力的效果。用來鼓勵牠的小點心不宜餵太多，必要時再餵即可；等牠記住了，慢慢減少餵食的次數。

輕輕撫摸胸口或背部

邊讚美狗狗，邊摸牠的胸口和背部，表示你對牠很滿意。

教養的基本爲反覆的讚美與斥責

狗狗做對了事獲得讚美、做錯了會被斥責——要透過如此反覆地訓練，讓牠學習人類社會的規矩。尤其狗狗有想要獲得領導者讚賞的本能，與其做錯了斥責牠，倒不如在牠表現良好時大大地讚美牠，更能強化牠的學習動機與能力呢！

決定一起生活的規矩

不管是讚美或斥責，都有一定的技巧。首先家裡的人要統一用簡單易懂的語彙，對狗狗下達「很好！」、「很棒！」或「不行！」、「不可以！」等指令。再者全家人

正確的斥責方法

不要體罰狗狗

狗狗遭到攻擊後反而會對人類產生敵意。

當場斥責牠

過了那個時間點，狗狗就搞不清楚為何會被斥責。

勿大聲叫嚷

當狗狗正對路人狂吠，你又大聲叫嚷斥責，牠會誤以為你在幫牠「助陣」，反而叫得更起勁。

態度要堅定

用冷靜嚴肅的語調傳達你的不滿，一心軟就很難教養狗狗了。

不要該罵時不罵

同樣的行為有時罵有時又不罵，會讓狗狗搞不清楚對錯。

不要過度情緒化

因狗狗不聽話就情緒失控破口大罵，反而會讓牠變的畏畏縮縮。

的態度要一致，決定狗狗做了哪些事可以得到讚美，哪些事應該斥責。如果飼主的情緒反覆不定賞罰不明，就無法讓狗狗判斷對與錯。不管是讚美或斥責，「當下」的時間點非常重要。讚美時摸摸牠的胸口，以稍微誇張的語氣表達你的喜悅；斥責時要用冷靜嚴肅的語調傳達你的不滿。

只要建立良好的信賴關係，即使受到嚴厲的責備，狗狗還是會順從。

讓狗狗乖乖待在狗屋的教養

幫狗狗準備一個專屬的生活空間。

進去狗屋的教養方法・基本篇

等牠習慣狗屋了，再訓練牠聽到聲音就會乖乖進去裡面。

一開始先放些玩具，讓牠認定此處可以安心休息。門要一直開著，方便牠隨時出入。

習慣狗屋這個環境後，下「進去狗屋！」的指令，輕壓屁股把牠推進狗屋裡。

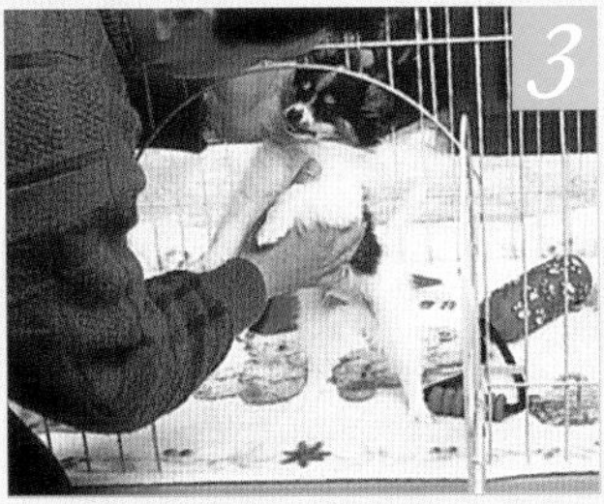

乖乖進去後好好讚美牠；每天反覆練習，直到牠可以自己進去，也可用點心引導牠。

等牠學會後，逐漸加長訓練的距離，再下指令試試看。

光聽到指令就會乖乖進去狗屋裡

即使是養在室內的狗狗，也需要一個專屬的睡鋪或可以休息的空間。飼主可以利用市面上的狗籠或狗屋，成爲愛犬的私密空間。狗屋的放置地點以看得見家人的起居室一隅較合適，裡面可鋪個墊子或毛巾。

這階段的教養就是訓練狗狗，光聽到飼主的指令就乖乖進去狗屋裡。在日常生活中，飼主有時會想要暫時隔離狗狗，如能讓牠習慣這個動作，必要時很有幫助呢！

訓練時先下指令：「進去狗屋！」輕壓幼犬屁股把牠推進狗屋裡面；當然也可用玩具或點心誘導

讓牠乖乖待在狗屋裡

等牠聽到聲音就會進去後，再練習乖乖待在狗屋裡。

還沒習慣時，即使進去還是會跑出來。蝴蝶犬的跳躍能力很好，最好用有屋頂的狗屋。

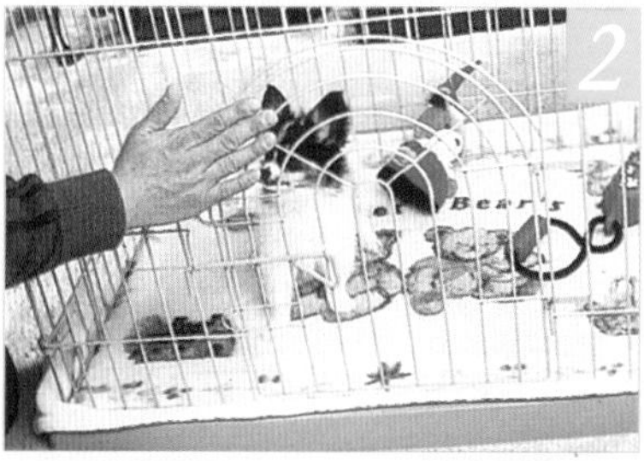

若牠在裡面又叫又鬧，輕敲狗屋斥責牠：「不可以！」，還是繼續吵的話，就不予理會。

亂叫時絕對不要放牠出來；等牠安靜下來，再打開籠門讚美牠的聽話，一開始先試個 2～3 分鐘即可。

進去狗屋的教養方法・應用篇

若想用攜帶型狗籃帶牠出門，平日也可以用此方法訓練牠。

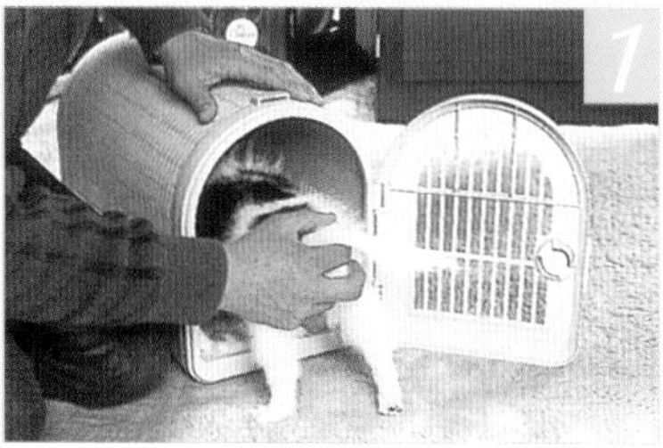

下「進去！」的指令，輕壓屁股把牠推進狗籃裡。

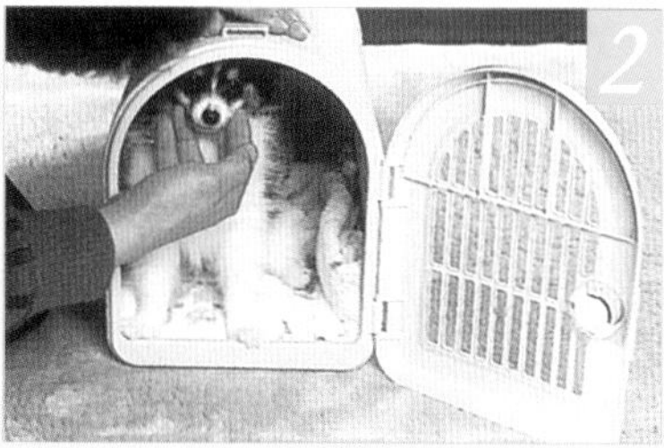

乖乖進去後好好讚美牠。每天反覆練習，直到牠可以自己進去。學會後關上門，讓牠在裡面待一陣子。

牠。這個動作要一直練習，直到牠光聽到指令就會乖乖進去；記住後再慢慢加長訓練的距離。

等狗狗學會進去狗屋的動作，再教牠乖乖地待在裡面。

如廁的教養

讓狗狗在固定的地點大小便。

從幼犬來的那一天開始如廁訓練

從幼犬剛到家的那一天起，就要開始如廁教養，讓牠在室內固定的地點排泄。

一旦決定如廁的定點，在狗狗完全學會之前不要隨便更動位置。在訓練期間，可用狗籠把便器圍起來。

幼犬若數度在相同的地點排泄，就會了解這裡就是如廁地點；剛開始還未記住如廁地點時，要由飼主帶去大小便。

幼犬通常在剛起床、吃完飯或遊戲後會產生便意，每天大約排便四～五次。飼主可以仔細觀察掌握幼犬如廁的週期習性，時間快到時帶去如廁地點，如果發現牠突然在地板上嗅來嗅去，不停的轉圈圈，表示想要大小便了，馬上帶去如廁地點。

如此每天有耐心地練習，很快地幼犬就會自己去上廁所了。

狗狗隨地大小便時…

要狗狗完全學會定點如廁，不是件容易的事，一定會有許多錯誤的經驗。一失敗就罵牠，只會讓狗狗更緊張，反而偷偷摸摸地排泄，應該多多鼓勵牠、讚美牠。讓牠對自己有信心，重要的是不要讓狗狗離開你的視線，以免讓牠有機可趁。

POINT 1 當場斥責牠

已經學會定點如廁卻又隨地便溺時，要當場斥責牠；時間點過了再罵牠，牠只會一頭霧水無法理解。

不當場斥責牠的話，無法達到警惕的效果。

POINT 2 清理乾淨不要留下味道

大小便的地方用除臭劑除去味道，以免牠聞到氣味誤以爲這裡可以方便。

趁狗狗沒看到時，把大小便的現場清理乾淨。

基本的如廁教養方法

配合幼犬如廁的週期習性，帶去如廁地點，
排泄後一定要好好讚美牠。

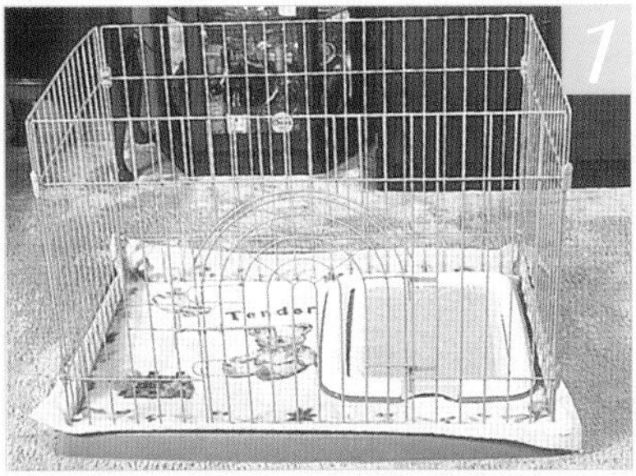

剛開始可鋪上寵物墊當作如廁地點，再放進狗籠裡面。

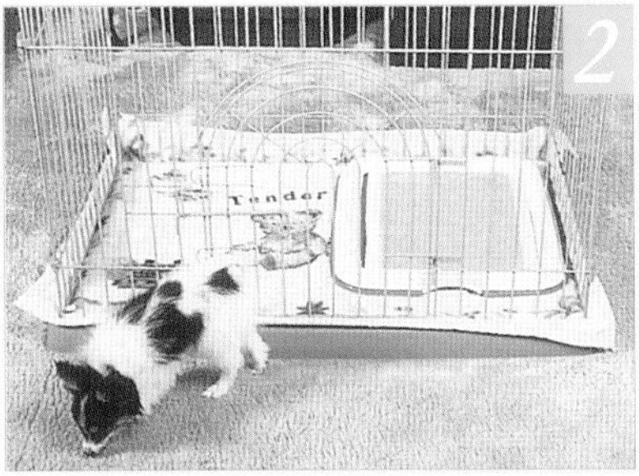

放任幼犬在室內時，不要讓牠離開你的視線。若牠突然嗅來嗅去，不停的轉圈圈，表示想要大小便了。

一發現如廁訊息，馬上帶去如廁地點。通常在剛起床或吃完飯，會產生便意。

指示狗狗：「嗯嗯囉！」若牠真的做了，好好誇獎牠但別過度興奮。在牠排泄以前，一直讓牠待在籠子裡。

狗籠的門不要關，留一些有味道的寵物墊吸引牠的注意；萬一牠有食糞癖的話，要收拾乾淨。

等幼犬差不多學會了，再拿掉狗籠。萬一失敗也不要罵牠，回到前面的步驟重新練習。

讓狗狗學會這些動作，以充分掌控牠的行爲。

等一下和過來的教養

等一下的訓練方法

「等一下」這個指令可控制狗狗的行動；只要一聲令下，牠就要克制自己的衝動。

右手伸向狗狗前方，用清晰的語調發出「等一下」的指令，也可以先讓牠坐著再訓練牠。

拉著牽繩稍稍向後退。若狗狗想動，再命令牠「等一下」，讓牠靜止不動。

回到狗狗那裡讚美牠一下，習慣後再換成長牽繩，加長距離繼續練習。

讓狗狗繼續等著，在牠附近繞圈圈，訓練牠坐下來等；如繞完一圈牠都沒動，好好讚美牠。

人狗都需要耐心的練習

「等一下」和「過來」都是掌控狗狗行爲的基本訓練。若狗狗完全熟悉的話，人跟狗狗間的生活才會更加愉快。一開始先在家裡練習，習慣了再帶到戶外訓練，以因應各種突發的狀況。

這種訓練要每天進行，但練習時間只要五～十分鐘即可。先用目光接觸再下指令，做得好時極力讚美，正是這種訓練成功的要訣。萬一狗狗學不來，也不要罵牠。等牠學會以後，就可以運用在日常的生活中了。

過來的訓練方法

一叫狗狗名字指示牠「過來」，牠就乖乖過來的訓練，需要人犬間強烈的信賴關係。

室內的訓練方法

幼犬期就可在家訓練；試著用玩具或點心吸引牠的注意，輕聲地叫牠。

一叫牠就過來，好好摸摸讚美牠。如做不來也不要斥責或追打牠，繼續練習。

室外的訓練方法

等幼犬 5～6 個月大時，用牽繩去室外訓練。先教牠學會「等一下」，飼主再往後退。

命令牠「過來」，輕拉牽繩誘導狗狗走過來。

等狗狗乖乖過來要好好讚美牠。習慣後拿掉牽繩，光用指令叫牠過來。

習慣後換成長牽繩，逐漸加長距離繼續練習。

坐車時的教養與規矩
從幼犬期就讓牠習慣坐車。

先在車子裡玩耍

體型嬌小的蝴蝶犬，很可能一個小煞車就飛出去，如果不關進狗籃裡，要由駕駛以外的人抱在後座。

抱在後座

準備玩具讓牠在車子裡玩，約2～3天即可習慣車裡的氣氛。

確實加以固定

車上的狗籃要確實固定，必要時綁上橡皮繩。

關進狗籃放在副駕駛座

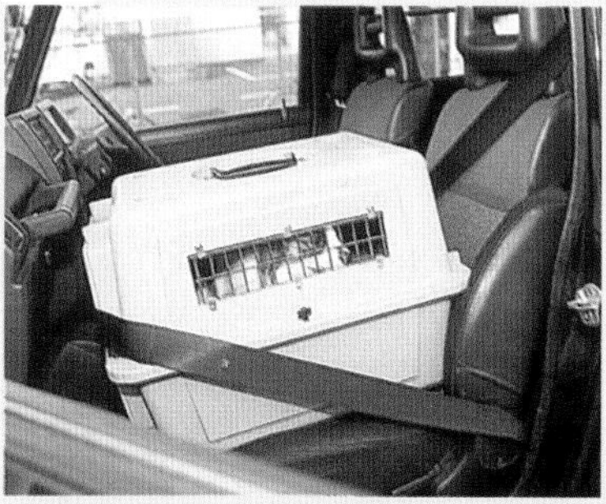

車子前進時，最好把狗狗關進狗籃裡，並繫上安全帶比較安全。

COLUMN 搭乘公車或電車時（日本篇）

蝴蝶犬又小又輕，搭公車或電車時，都可以用攜帶型狗籃隨身攜帶。搭電車時，狗籃的長度不得超過 70 cm，寬、高和深度總計不得超過 90 cm。坐車前完成大小便，避免在車內造成其他乘客的困擾。

讓狗狗慢慢習慣坐車

對狗狗來說，車子行進間的震動或搖晃都是很大的負擔；沒坐習慣的話很容易暈車呢！因為現在帶狗狗坐車的飼主很多，還是先讓牠習慣比較好。

起初幾天，讓牠坐在未發動的車子後座，和牠一起玩，讓牠適應車裡的氣氛。接下來發動引擎，讓牠習慣車子的震動，沒有問題後再開車。剛開始先讓牠坐五分鐘，接下來十分鐘、二十分鐘逐漸延長時間。大約兩週，牠就會習慣了，之後定期載牠去公園等地玩耍，讓牠對坐車產生好感。

狗狗坐車時的注意事項

開車時應顧及愛犬的安全與感受，避免疾駛超速或其他疏忽。

頭不要伸出窗外

行駛間把頭伸出窗外，是件非常危險的事；如為了空氣流通，開一點點就夠了。

不要坐在駕駛座

抱著狗狗開車十分危險，絕對禁止這種行為。

不要把他牠留在車內

炎熱的時候不要單獨留狗狗在車子裡，以免發生中暑意外。

上下車聽從飼主指示

不管上車或下車都要遵照飼主的命令，關門時要注意。

COLUMN 長途開車慎防暈車

出門前兩個小時，先讓狗狗吃飽，之後不要再餵東西只給水喝。如果不放心，事先去動物醫院拿些暈車藥。開車時注意空氣的流通，避免緊急煞車或突然急轉彎，每開一、兩個小時就休息一下。若發現狗狗頻頻打嗝或口水直流，都是暈車的徵兆，要馬上找地方休息。

看家的教養方法

以彼此的信賴關係度過看家的難關。

狗狗討厭獨自看家

一直習慣群體生活的狗狗，很不習慣單獨行動；所以，牠對一人留守的看家行爲，當然不怎麼喜歡。大部分的狗狗獨自看家時，都是無奈地倒頭大睡，有些會開始在家搗亂，也有的會叫個不停造成鄰居的困擾。像這類的破壞行爲，據說都是因爲對分離出現極度的不安感，進而產生壓力導致的異常現象。對飼主極度依賴的狗狗，這類的反應越明顯。若發現狗狗出現這些行爲，不要過度擔心或過於保

需要外出2～3小時的話，最好把狗狗關進籠子裡。

讓狗狗看家時的注意事項

外出時不要跟牠說一些會讓牠感到不安的話，回家時也冷靜以待，對牠的狂吠行爲不予理會。

對於被弄亂的家具或狗狗的大小便，不要生氣或惱怒。趁狗狗不注意時，趕緊整理乾淨。

出門時把狗狗關進狗籠裡，或在家具噴上苦味噴劑，都可以避免狗狗破壞房子或家具。

護，應該重新檢視日常的相處情形。

讓狗狗看家的好方法

只要讓狗狗了解，即使主人外出還是會回來，牠就可以接受單獨看家的事實。重要的是，平日要經常和愛犬接觸，培養互信互諒的關係。再者，也不要無預警地長時間留牠看家，可以的話，每天重複短時間的外出，讓牠逐漸習慣看家。

剛開始先離開一分鐘，再拉長爲五分鐘或十分鐘。外出時不要跟牠說一些會讓牠感到不安的話，回家時也冷靜以待，讓牠覺得看家是件很尋常的事。即使房子被弄得亂七八糟，也不要生氣；如果嚴厲斥責狗狗的話，會造成反效果。這時狗狗會認爲這樣可以引起你的注意，下次牠還是會出現相同的行爲。此外，出門時可留些玩具給狗狗玩，避免牠太無聊破壞家具。

讓看家的狗狗舒服一些

提供一些固齒玩具讓牠不會太無聊。

夏季或冬季打開空調，讓室內保持舒適的溫度。

蝴蝶犬是個撒嬌高手，小心不要過度保護牠喔！

Cute Papillon

舞姿曼妙輕快

俏麗的蝴蝶犬

攝影 細野　武

初次體驗外面世界的幼犬，充滿緊張與不安感。

兄弟手足間的爭吵，對蝴蝶犬來說也是重要的社會課題之一。

「咦…你瞧…那裡有好玩的東西喔！」

我們是一對可愛的雙胞
胎狗狗！

大家好像只有注意到我
們的耳朵呢…

喂…把頭抬起來啦！不
要破壞畫面的美感啊！

再過幾個月就會換上美
麗皮毛的幼犬，也很可
愛呦！

Cute Papillon

舞姿曼妙輕快——俏麗的蝴蝶犬

彷彿要跟大家緊緊相依，感受到彼此的溫度，才能安穩入眠的幼犬。

「好睏喔…再睡一下吧！」

右：「咦…我看起來好肥喔…」
左：「沒關係啦！健康最重要。」

「怎樣…我比較厲害吧！」喜歡摔跤遊戲的幼犬。

我們都是好朋友

即使天氣很冷，只要靠在一起就覺得很溫暖呢！

Cute Papillon
舞姿曼妙輕快——俏麗的蝴蝶犬

就連躲進袋子裡也覺得開心的幼犬。

好奇心十分旺盛的幼犬，只要是沒瞧過的東西，都想要研究看看呢！

「咦…這是甚麼？好大一個呦！」

玩夠了覺得相當滿足的小可愛，要好好睡個午覺喔！

Cute Papillon

身材圓滾可愛的幼犬，正準備迎向未知寬闊的世界。

今天想去遠一點的地方探險，可以嗎?!

在遼闊的草地上奔跑，舒服極了！

陽光、綠地、好空氣——我眞是幸福的狗狗喔！

JKC（日本育犬協會）的犬種標準

血統純正的犬種都有堪稱是每一犬種之理想形象的各項標準加以規範，這就是所謂的犬種標準（STANDARD）。這裡就以日本育犬協會（JKC）所制定的蝴蝶犬犬種標準，加以說明。（取自「JKC 標準書第九版」）

蝴蝶犬：Papillon

■原產地

歐洲（西班牙・法國・比利時）

■沿革及用途

蝴蝶犬的祖先爲原產於西班牙，被稱爲小不點長毛狗的小型長毛垂耳犬。十六世紀左右，這種狗狗風行於上流社會中，傳說在義大利的波洛尼地區被人大肆繁殖，其身價之昂貴超乎一般人的想像。「Papillon」在法語中是「蝴蝶」的意思，一雙大耳朵看似翩翩起舞的蝴蝶而得名，所以牠也叫做 Butterfly Spaniel，屬於家庭犬或賞玩犬。

■一般的外觀

擁有光滑如絲絹般皮毛的小型犬。一雙立耳宛如翩然起舞的蝴蝶，末端長滿裝飾毛，尾巴的裝飾毛如松鼠尾般蓬鬆美麗。除了立耳外，也有垂耳的犬種。

■個性

非常活潑聰慧，大膽的性格不像外表那般嬌弱。

■頭部

頭骨渾圓，長滿短毛；口鼻寬度適中，雙耳間略呈圓形。額段明顯但不會過於突出，嘴巴尖細約占頭部的三分之一，雙唇緊閉。鼻樑末端略平漆黑，但嘴巴周遭爲白色，構成臉部的白色塊狀。牙齒強固，呈剪咬合狀。杏狀的雙眼略大，不能有凸出感。眼睛呈暗色，襯托出聰慧的神采。耳朵可分立耳或垂耳，但末端要又圓又大，其中的立耳宛如蝴蝶的雙翅斜立於頭部兩側。

■頸部

頸部長度適中挺立，胸前長滿裝飾毛。

■身體

肩胛骨高，背部筆直，腰部有力。肩部有漂亮的傾斜度，胸部又寬又深，肋骨充分展開，腹部結實。

■尾巴

尾巴根部稍高，長滿裝飾毛，如松鼠尾巴覆蓋於背部。

■四肢

四肢筆直挺立，前面皮毛短，後面有裝飾毛。前腳趾頗長帶點渾圓感，腳掌肉墊厚；後肢適度的彎曲，腿部有裝飾毛；後腳趾像兔腳細長，腳掌肉墊與前肢大致相同。

■皮毛與毛色

毛質光滑如絲絹般的長毛，身體的毛服貼，嘴巴與額段的毛較短。毛色爲白底加黑色或褐色斑塊，也有三色毛色。

■走路的樣子

步伐輕快優雅。

■尺寸大小

身高 不論公母，約在 20～28 公分之間。垂耳犬則無此限制。

■缺陷

不合格 1. 隱睪症
2. 尺寸太大或太小

缺　點 1. 極端咬合不正
2. 單一毛色
3. 後肢有狼爪

■其他

近年來日本的垂耳犬有銷聲匿迹的趨勢，以直立耳占大多數。

第8章

隨時隨地閃閃動人的簡易整理法

第8章

平日注意皮毛的整理，讓愛犬保持健康與美麗。

體味少容易整理的蝴蝶犬

只要細心梳理皮毛就ＯＫ了

在所有的長毛種中，蝴蝶犬算是比較容易整理的犬種。除了腳底的毛以外，其他皮毛幾乎不用怎麼整理，也沒甚麼體味，甚至不太會掉毛。牠那一身如絲絹般光滑柔軟的皮毛，乍看之下好像不太好整理，其實只要細心梳理就可以保有美麗的外觀了。

利用修剪台或找到適合高度的台子，幫狗狗整理皮毛。

梳理皮毛是維護健康的訣竅

野生時期的狗狗會自行整理皮毛，但現在許多經由人工繁殖的狗狗，已經失去這項本能。一旦飼主疏於整理照顧，狗狗的身體就會出現各種毛病。例如，沒有梳理的皮毛容易遭蚤、蟎類寄生、掉毛、起毛球，或皮膚悶濕出現皮膚病。再者，運動量少的犬種如未定期修剪指甲，指甲會因過長刺入腳掌的肉墊引起發炎。所以，定期修剪指甲不僅可呈現整潔的外觀，也是爲了健康上的考量。

COLUMN 春天與秋天的換毛問題…

春天和秋天是狗狗頻頻換毛的時期。只有表層毛，爲單層毛種的蝴蝶犬沒有明顯的掉毛現象，但擁有表層毛和裡層毛的雙層毛種，一到夏天，裡層毛會大量脫落，一定要經常梳理皮毛去除大量的落毛。

從幼犬期開始梳理皮毛

等幼犬大約六～七周大，即可開始梳理牠的皮毛。這時牠的皮毛還很短，整理時不必花太多心思，重點是讓狗狗從小就習慣被人梳毛或修剪。

此外，經常觸摸狗狗身體，也能培養幼犬的服從性或自制心；透過梳理皮毛的親密接觸，可以加深人與狗狗間的情感。

從幼犬期就要讓牠習慣被人整理皮毛

幫狗狗整理容貌時，一開始的態度很重要。如果飼主太粗心弄疼了狗狗，讓牠留下不好的印象，以後就很難讓牠乖乖被人整理了。所以，飼主應該輕聲讚美牠的配合，讓牠覺得很舒服，每天持續練習，時間短一點也無妨。

坐在膝蓋上刷毛

讓牠坐在膝蓋上，輕聲安撫牠幫牠刷毛。

想嬉鬧時加以制止

狗狗想咬刷子玩時，要嚴厲制止這種行為。

COLUMN 如何防止蚤蟎類滋生

蚤蟎類等寄生蟲是狗狗皮膚病的根源。在寄生蟲好發的春夏時節，應讓狗狗服藥預防。如發現黑色粉末狀的蚤糞或寄生蟲，可洗藥浴去除。用手抓到的寄生蟲，可投入清潔劑中殺死。平日要保持整個室內的清潔，狗狗的絨毛玩具或毛巾，記得煮沸消毒。

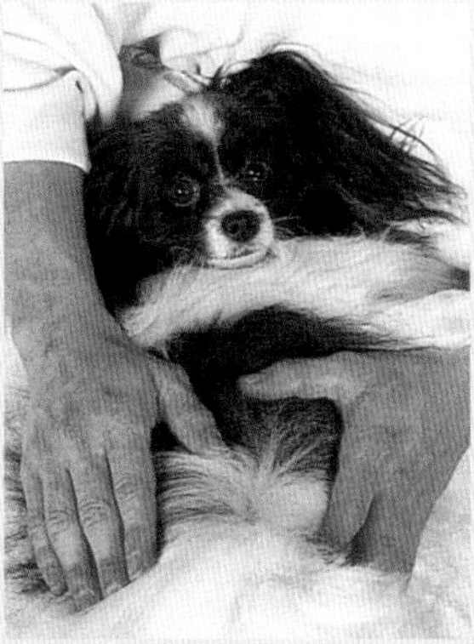

狗狗頻頻搔抓身體時，要檢查是否有寄生蟲。

選用不會傷害皮膚的用具

利用合適的用具，細心梳理狗狗的皮毛。

刷毛與理毛的用具

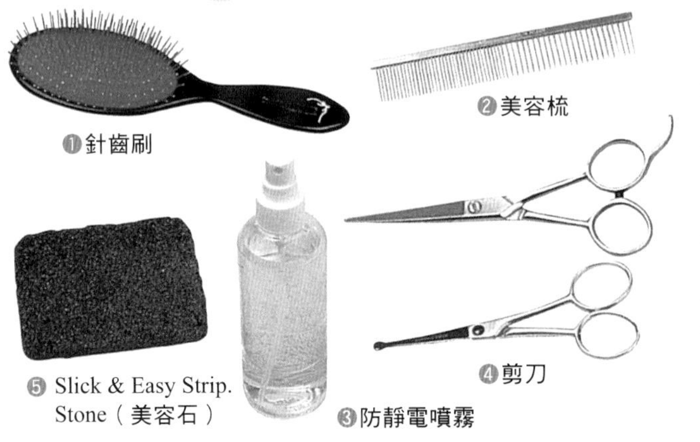

用針齒刷和梳子梳理皮毛

幫狗狗刷毛除了可以清除毛球，讓皮毛更整齊外，還能去除附著於皮膚上的灰塵或污垢，減少掉毛與寄生蟲。此外，也能給予皮膚適度的刺激，促進血液循環，提高新陳代謝。

蝴蝶犬一身如絲絹般光滑柔軟的皮毛，容易打結起毛球，一定要每天刷毛。用質地柔軟富有彈性的長柄針齒刷刷毛，比較不會傷害皮膚，梳完再用梳子梳理一遍效果更好。

❶**針齒刷**　這是一種用橡膠墊植入金屬針的毛刷，主要用於長毛種，其中以柄長、針齒長、橡膠墊極具彈性的產品最適合。使用時緊握長柄，擺動手腕即可輕易梳理狗狗的皮毛。像蝴蝶犬的話，最好選針齒長一點的毛刷。

❷**美容梳**　金屬製品，分為粗齒和細齒兩類，常用於修飾階段的整毛作業。梳毛的時候，可用美容梳對準毛海生長的方向，或順著毛海生長的方向，梳出不同的視覺效果。

❸**防靜電噴霧**　這種噴霧可防毛海發生靜電造成斷裂；通常是刷毛之前先噴。

❹**剪刀**　狗狗專用的美容剪刀，可選擇體積較小的剪刀用於細緻的部位，像修剪腳底的毛，可用末端呈圓形的小剪刀。

❺ Slick & Easy Strip.Stone（美

容石）這是專門用於清除裡層毛的美容用品，一般人比較少用，可從犬展會場選購。

COLUMN 耳朵的裝飾毛要如何保養？

同樣都是蝴蝶犬，耳朵的裝飾毛卻依系統而有差別。平日應該小心梳理牠的裝飾毛，慎防打結、斷裂或起毛球，讓裝飾毛保有一定的長度與美感。

刷毛的方法

先用針齒刷將身體刷過一遍，再用梳子梳整齊，容易打結或起毛球的部位，可由毛尾（不要由髮根）慢慢梳開。

噴上噴霧

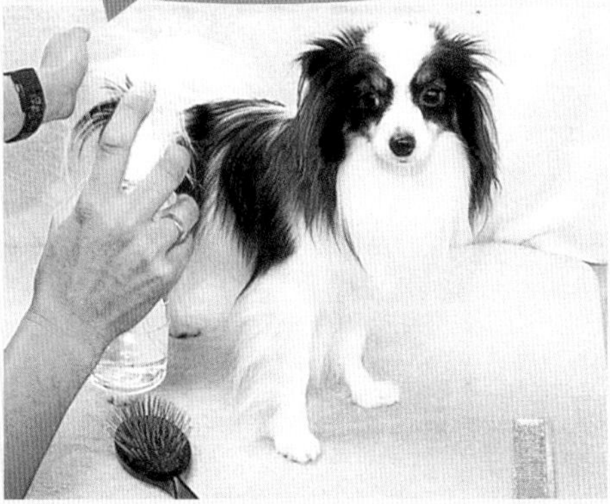

噴上防靜電噴霧，讓皮毛更好梳理。

胸部

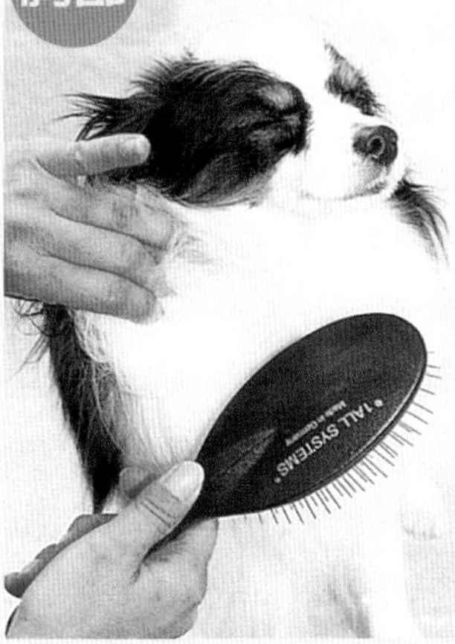

一手抓起胸口的裝飾毛，用刷子慢慢把毛刷開。

背部

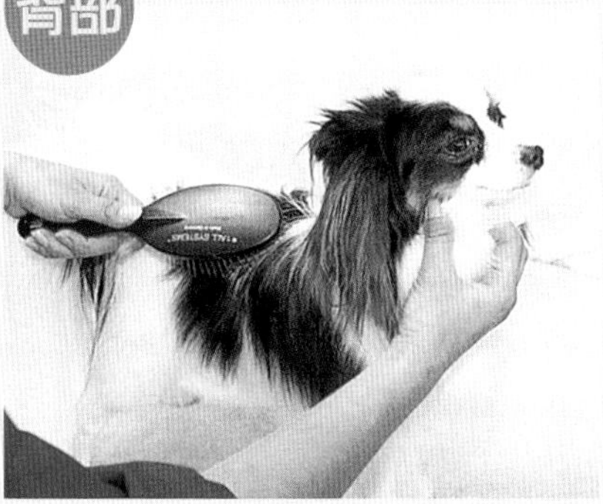

從背部到臀部，順著體毛生長方向刷開。

尾巴

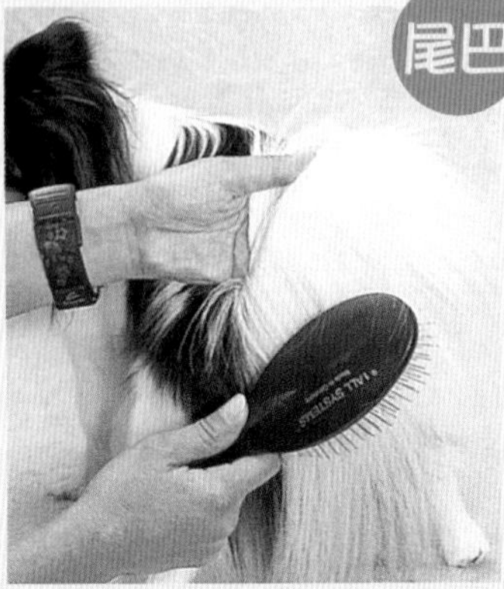

從尾巴末端慢慢梳開，小心別把長裝飾毛梳斷。

腹部

前腳抬高比較好刷毛，可從容易被尿灑到弄髒的部分開始刷。

耳朵

耳朵的裝飾毛容易揪結在一起，要從末端慢慢梳開。

屁股

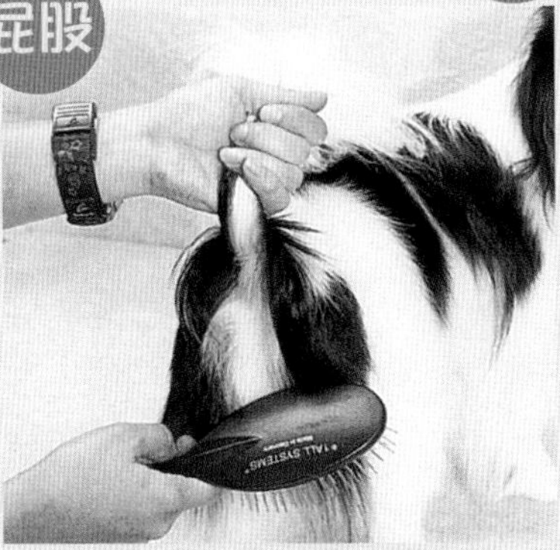

一手提起尾巴，慢慢將屁股周遭的毛梳開。

梳開揪結皮毛的方法

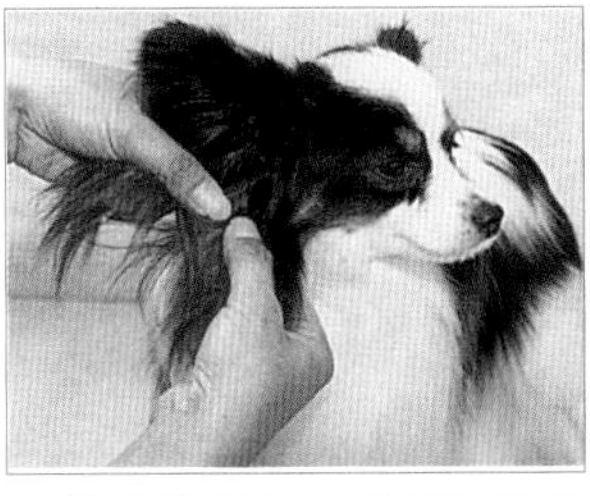

用雙手從毛尾一一撥開打結的部分。

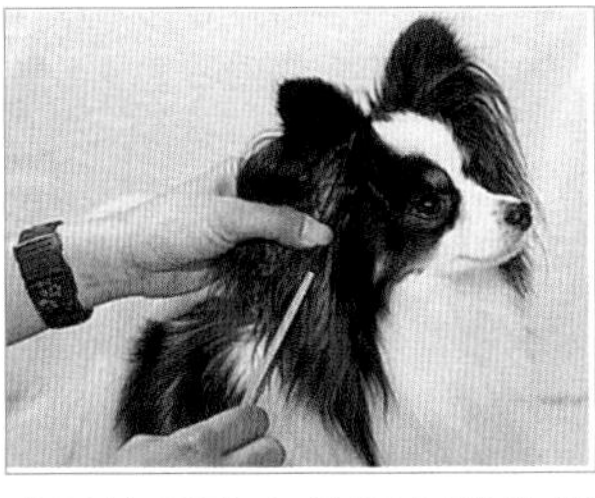

或用梳子直向梳開打結的部分。

用手或梳子都打不開的毛球，可用軟針梳梳開，小心不要把體毛弄斷。

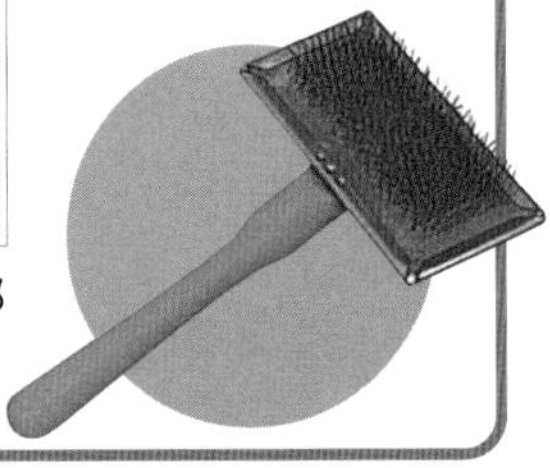

護毛油的優缺點

耳朵的裝飾毛擦上護毛油，可防乾燥斷裂，但也有容易弄髒體毛形成毛球的缺點。所以，使用時不要擦太多，以少量搓揉於手指再抹在體毛上即可。同時要定期幫狗狗洗澡，保持身體的清潔。

前肢與後腳

抓起腳尖，仔細梳開腋下或大腿內側的毛球。

用梳子修飾

全身刷完後，再以梳子梳一遍，確保皮毛的整齊。

COLUMN 雨後的散步或梅雨季的清潔

剛下過雨帶狗狗出去散步時，牠的四肢或肚子的毛很容易濕掉，回來後一定要用毛巾擦乾身體，再以吹風機吹乾，防止悶濕。再者，狗狗的皮毛在梅雨季因爲濕氣容易沾染污垢，洗澡的次數要比平常多，這時期常刷毛有助於牠的體毛保持乾爽。

吹風機不要太靠近狗狗，用弱風把毛根吹乾。

小心修剪腳掌肉墊的雜毛

定期修剪狗狗身上多餘的皮毛。

狗狗腳尖旁邊或腳掌肉墊（腳底之肉球）的雜毛，或肛門周遭的體毛，都要定期修剪。

修剪時，可讓狗狗站在美容台或高度適當又穩固的台子上較安全。剪刀的話，狗狗美容專用的小剪刀是最佳選擇。

剪刀正確的拿法

將拇指和無名指伸入洞裡，其餘三指輕輕靠著，剪的時候只由拇指操控。

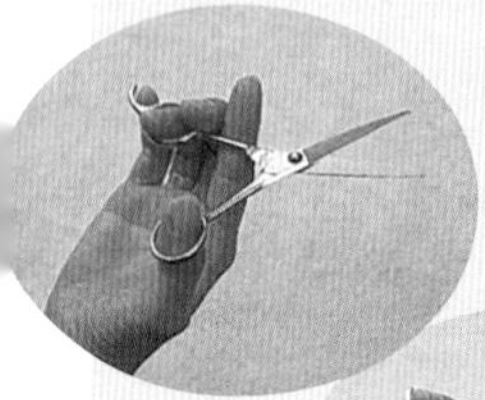

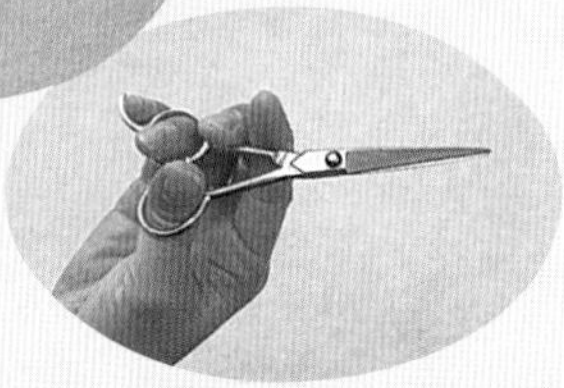

修剪腳上的雜毛

只要修掉突出於腳尖兩側的雜毛即可，後腳的毛要仔細梳理，避免凌亂。

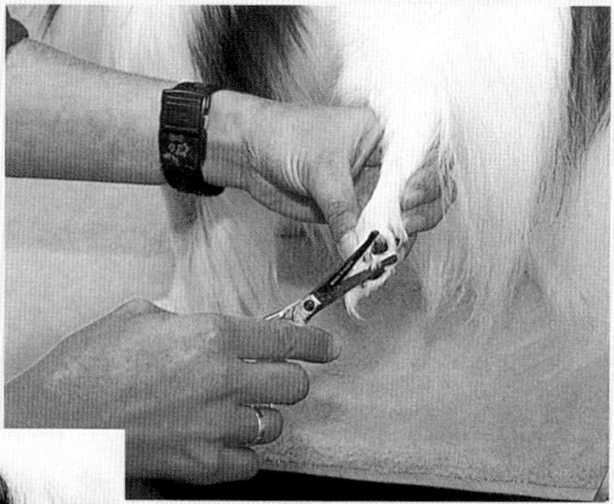

一般來說，蝴蝶犬腳尖的毛很像兔毛，只要把兩側剪齊即可。毛尾可利用手指和美容石，整理出自然的美感。

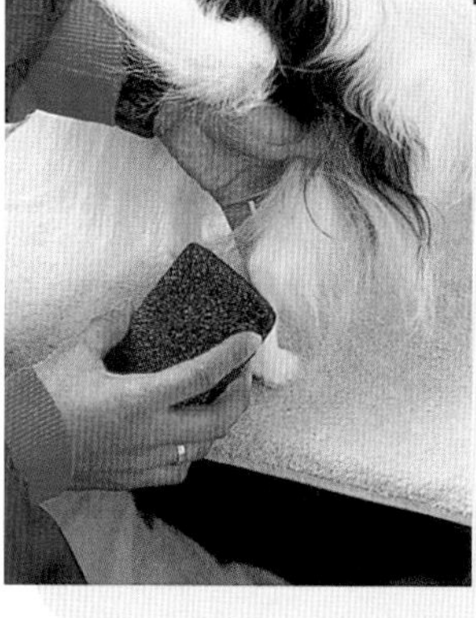

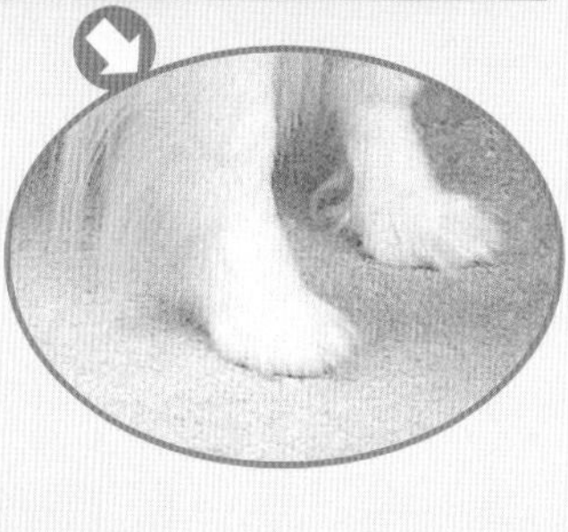

蓬鬆零亂的後腳毛，可用美容石刷出自然的美感。

修剪肛門周遭的雜毛

定期修剪肛門周遭的雜毛，便便時才不會弄髒，剪完的剪刀要以酒精消毒。

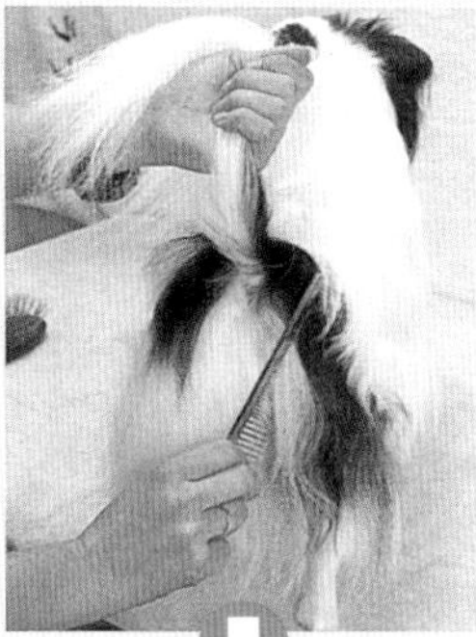

先用梳子梳開肛門周遭的雜毛

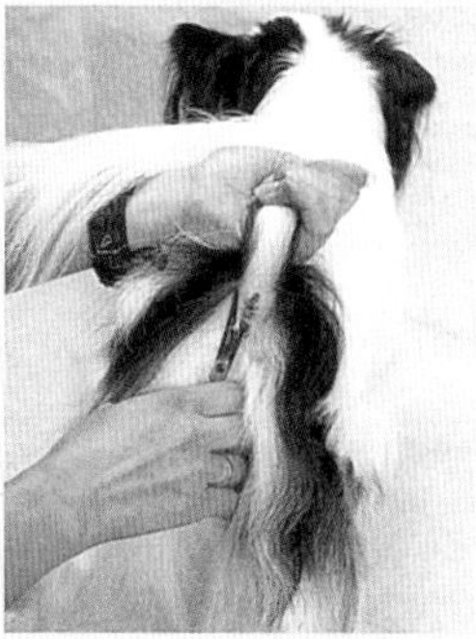

尾巴拉高，剪刀直向修剪，別誤傷了狗狗。

修剪腳底周遭的雜毛

狗狗腳底的毛太長，容易摔跤或弄髒，這裡也是頻頻出汗的部位，一定要保持清爽。

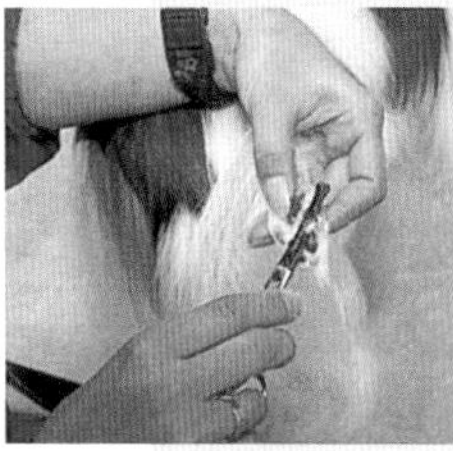

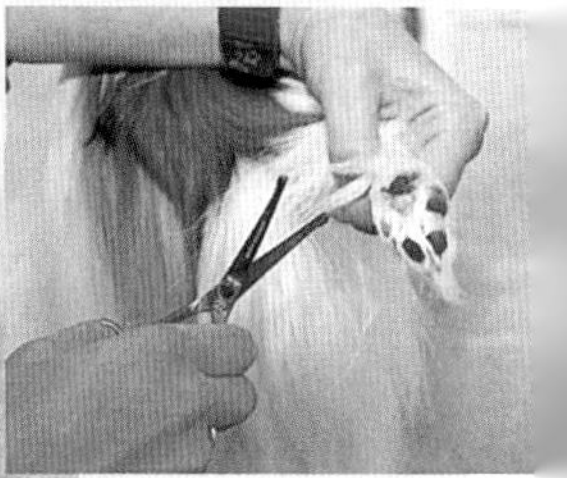

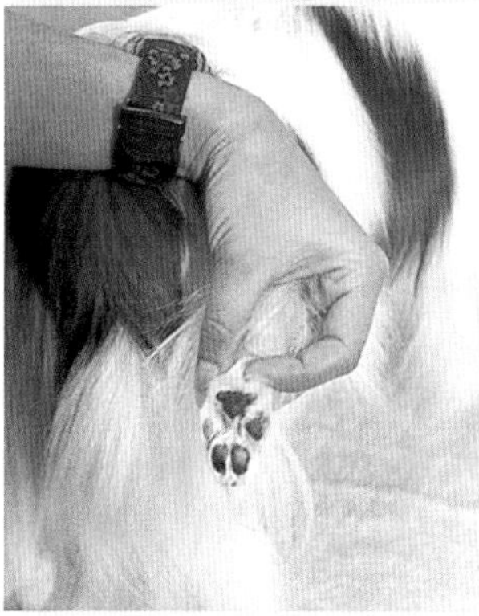

用手指拉出腳底的雜毛，再剪掉突出於肉墊的毛。

COLUMN 準備參加犬展的狗狗

犬展時以保留自然狀態的蝴蝶犬較受好評。如果你要讓愛犬參加犬展的話，必須跟專業人士學習犬展用犬的美容法。像牠腳底的雜毛或腳尖兩側的毛，剪掉也無妨，但是，腳尖末端、後腳或肛門周遭的毛絕對不能剪。了解修剪的方式，幫狗狗爭取加分的機會。

第8章

每個月洗兩～三次澡

皮毛骯髒或出現黏膩感就要洗澡了。

狗狗洗澡用的物品

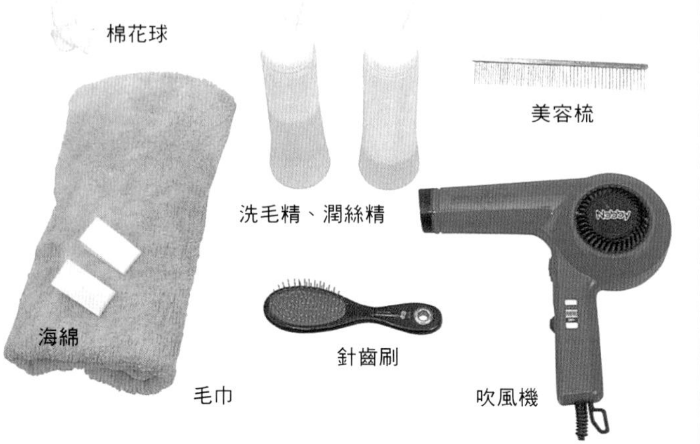

洗澡之前先把東西準備好

洗澡可徹底清除狗狗身上刷不掉的污垢，或黏在皮膚上的老舊廢物，保持身體的潔淨。不過，洗澡洗得太頻繁反而會傷害牠的皮膚或皮毛，應該等牠的皮毛髒了或出現黏膩感，每個月洗個兩、三次即可。而且當狗狗身體狀況正常的時候才可以洗澡；所以，像產前產後的母狗、進入發情期的狗狗或剛完成疫苗注射的幼犬，都不適合洗澡。洗澡之前一定要把洗毛精、潤絲精等相關的物品準備好。全身刷過再梳開毛球，耳朵先塞入棉花預防進水，整個動作要快又仔細。

COLUMN 狗狗第一次洗澡時

一手抓起幼犬，從臀部開始沖水。

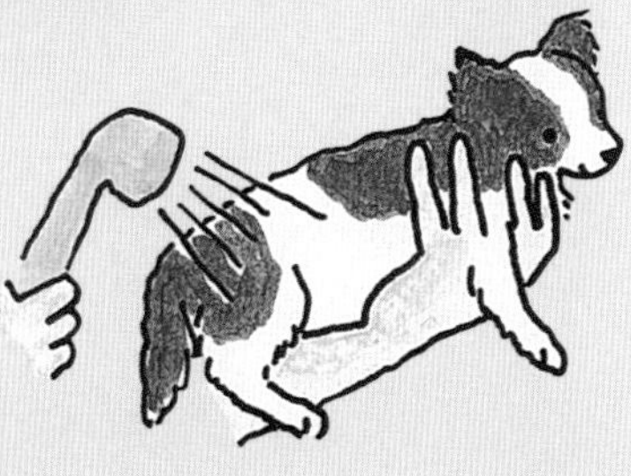

等幼犬注射過疫苗後幾週，再幫牠洗澡。這時蓮澎頭的水柱或吹風機的風量都不要太大，並輕聲安撫牠不安的情緒。剛開始別洗太久，避免造成幼犬的負擔。

洗澡的方法

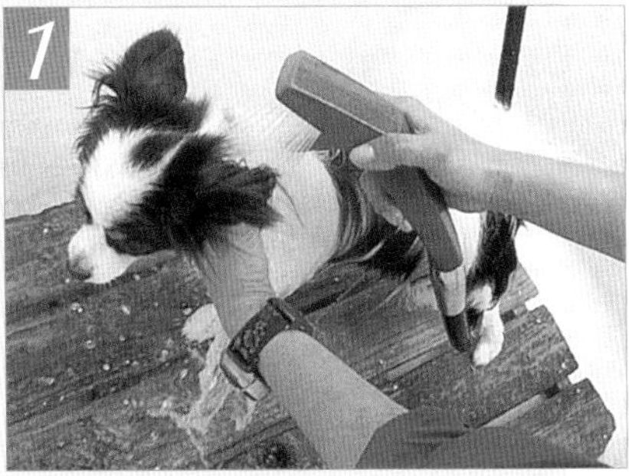

從臀部將全身打濕，水溫控制在37度左右，蓮蓬頭可與身體密合，減少水柱的沖力。

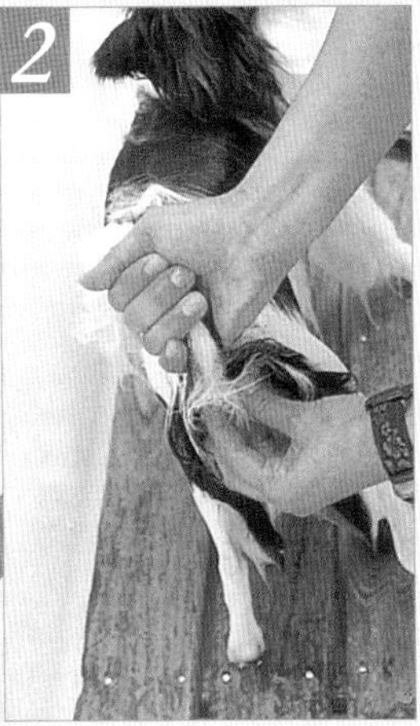

用拇指和食指輕壓肛門囊，擠出褐色的肛門腺液。

擠出肛門腺液

在肛門兩側的斜下方，有一肛門囊盛裝由肛門腺所分泌的濃臭肛門腺液，若不定期擠出肛門腺液，會引起發炎。

抬高狗狗的下顎，避免牠的鼻子進水，將頭淋濕。

淋上事先稀釋好的洗毛精，刺激性低的洗毛精比較適合。

搓出泡泡，再以指腹充分按摩皮膚和皮毛去除污垢。

尾巴的裝飾毛也要洗乾淨

腳底很髒要注意，趾縫間也要洗乾淨。

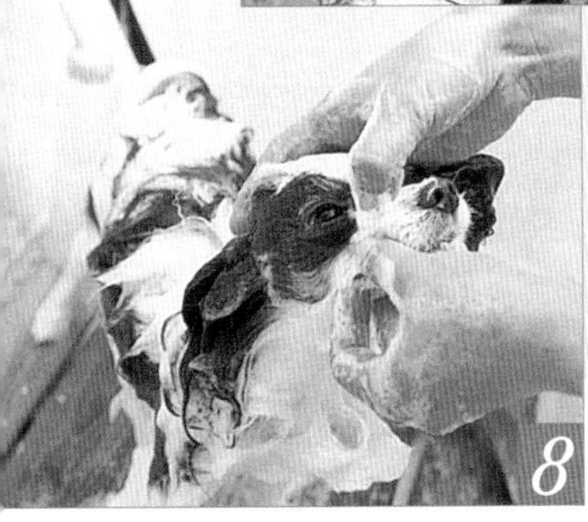

全身洗完後再洗臉。眼睛下面可用小海綿搓洗，小心泡泡別跑進眼睛裡。

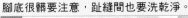

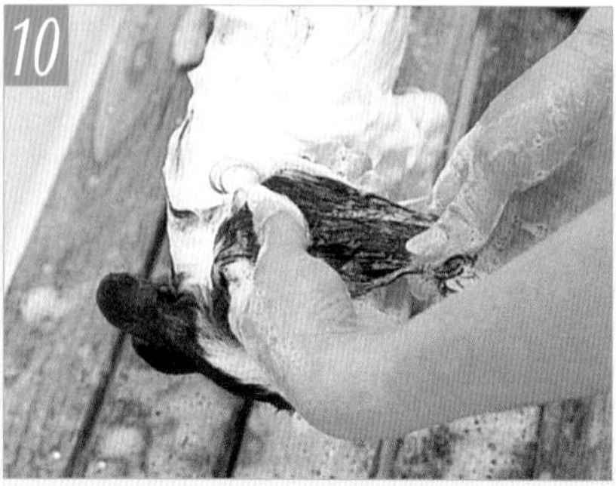

從上往下清洗耳朵外側

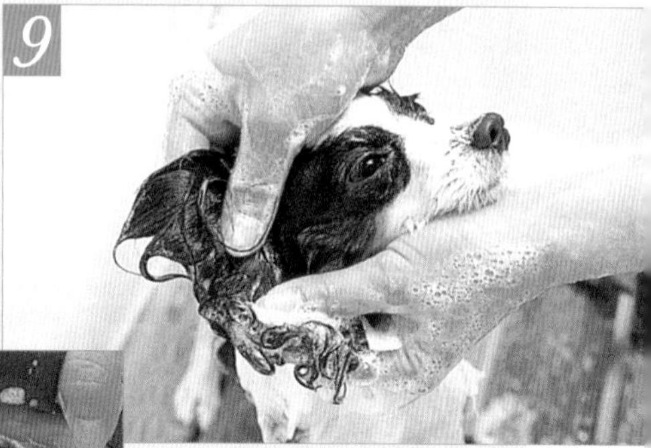

雙手搓洗耳朵的裝飾毛，耳內不要清洗。

從臉開始沖洗全身，連腳的內側也要沖到喔！

護毛素

當體毛受損時，可用護毛素取代潤絲精，淋到狗狗身上，充分搓揉後，用熱毛巾包個五分鐘再沖掉。

潤絲精先稀釋再淋到身上

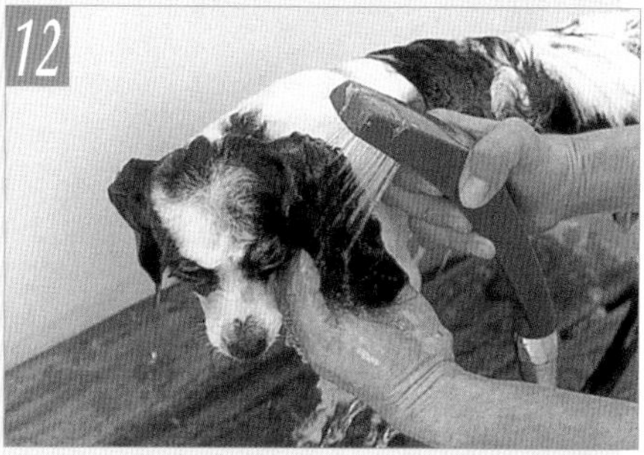

用拇指塞住耳洞再清洗耳朵

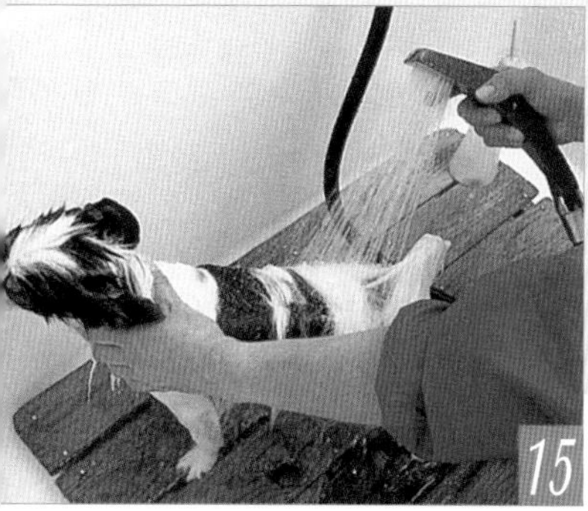

潤絲完畢一樣要沖乾淨

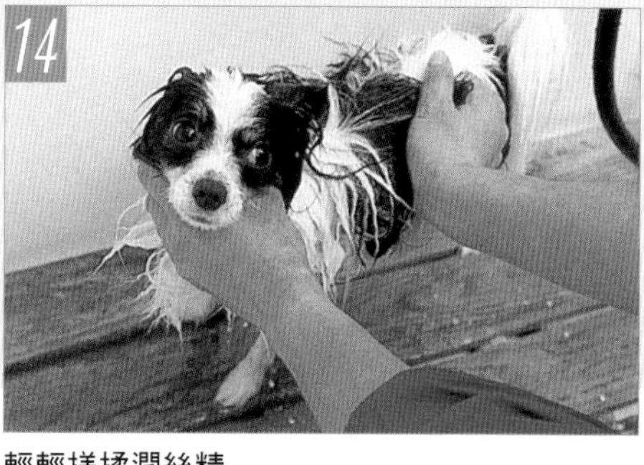

輕輕搓揉潤絲精

用毛巾擦拭身上的水氣，輕輕拍打才不會弄疼狗狗。

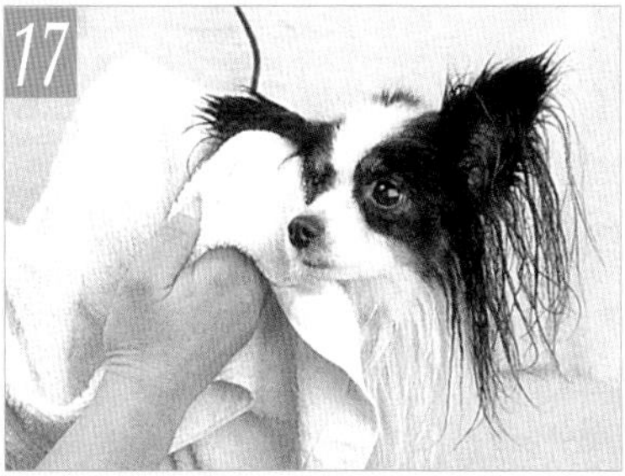

輕拍耳朵的裝飾毛去除水氣

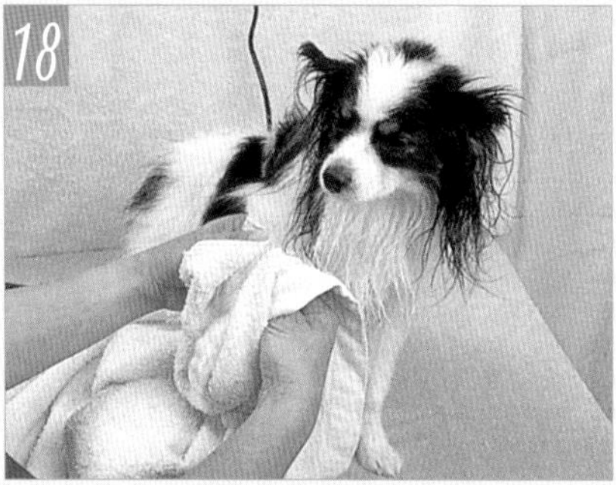

每個部位都要擦到，爲迅速乾燥的要訣。

最後用梳子邊梳邊吹乾，連裏層毛也要吹乾。

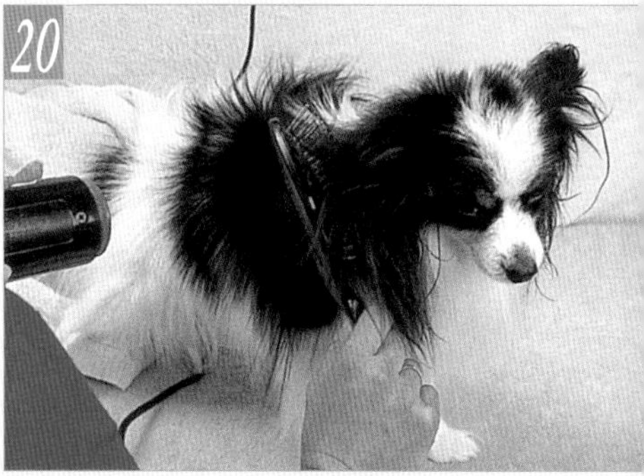

先吹個半乾，再仔細地邊梳邊吹乾。

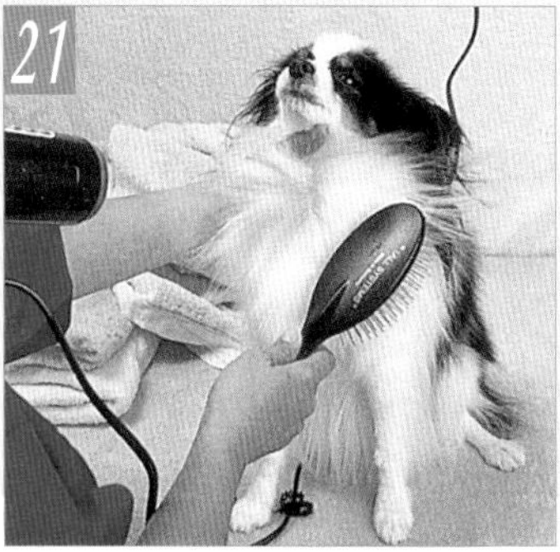

有耐心地完全吹乾

吹風機

用吹風機幫狗狗吹乾體毛時，不可靠得太近，溫度也不要調太高，以免燙傷狗狗。

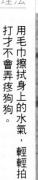

眼・耳・爪・齒的照顧

除了皮毛外，身體各部位也要確實保養與照顧。

耳朵

撥開耳朵清除裡面的污垢，但別用力摩擦以免傷及皮膚。

每個月清潔兩次保持耳內的乾淨

容易囤積濕氣的耳朵內部，若不定期清除耳垢以保潔淨，會造成發炎或產生惡臭。長期置之不理的話，連耳毛或裝飾毛都會積滿耳垢，看來十分不雅。大約每個月清潔兩次即可，可用沾上專用清潔液的棉花棒輕輕擦拭。

眼睛

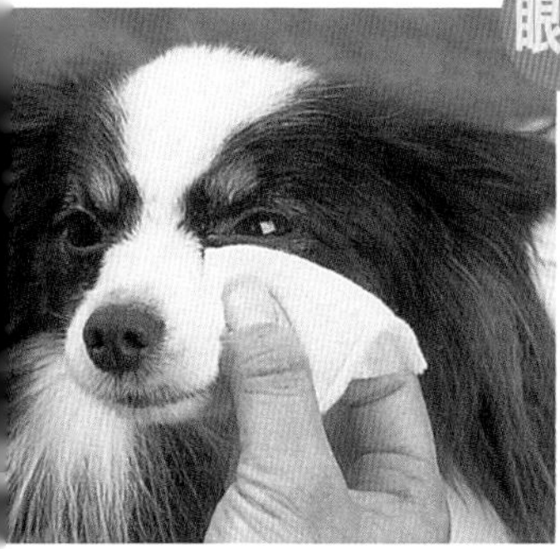

用沾取稀釋硼酸水的棉花輕擦眼淚，再以面紙擦乾。

不注意清潔會形成淚痕

眼睛的周遭部位很纖細，有眼屎的話，不要隨便用手去摳，應用濕棉花輕輕地擦。容易流眼淚的狗狗，常會在眼睛下方形成淚痕，甚至使整個口鼻周圍的毛都變成紅褐色，要特別注意。

牙齒

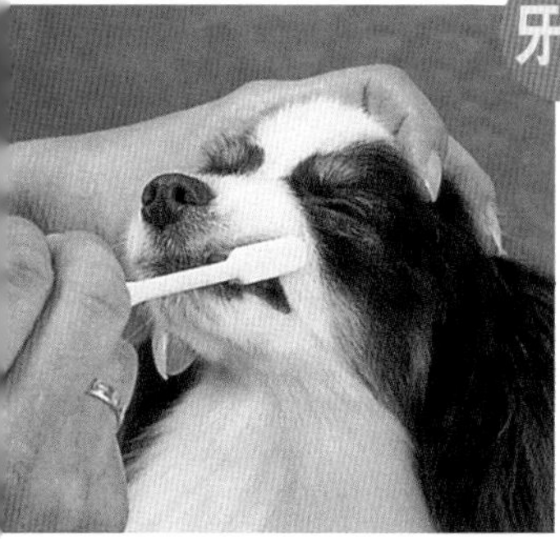

用手扶著牠的頭，主要刷牙齒的外側，別太用力才不會傷到牙齦。

刷牙可預防蛀牙或牙周病

和人一樣，狗狗也需要刷牙以預防蛀牙或牙周病。這時可將手指纏上紗布，或使用兒童或幼犬專用牙刷幫狗狗刷牙，以保有健康的白牙和粉色的牙齦。若出現牙結石，可用專用的器具清除。

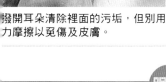

爪子過長容易受傷或發炎

狗狗的爪子過長會妨礙走路，或讓牠摔倒受傷。應每個月檢查爪子一～兩次，太長時用專用的爪子剪修剪。當狗狗走路發出喀喀聲時，表示爪子太長了。

狗狗的爪子很硬，最好使用專用的爪子剪。狗狗的爪子也有血管和神經，萬一剪太多讓牠疼痛流血的話，下次牠可能不願再乖乖讓你剪了，要特別注意。

爪子

一手固定狗狗的腳尖，爪子剪的刀刃與爪子成垂直。

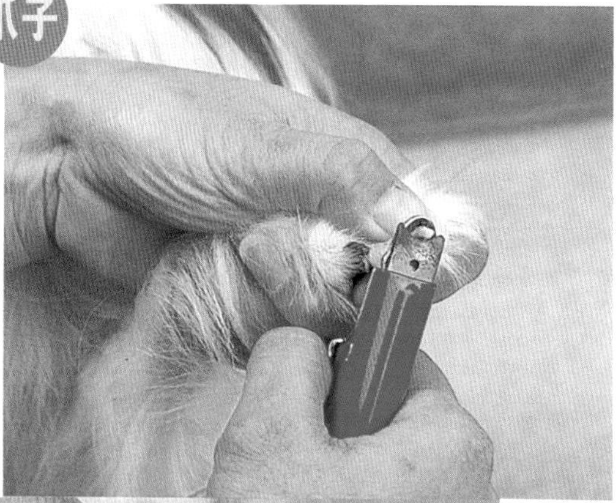

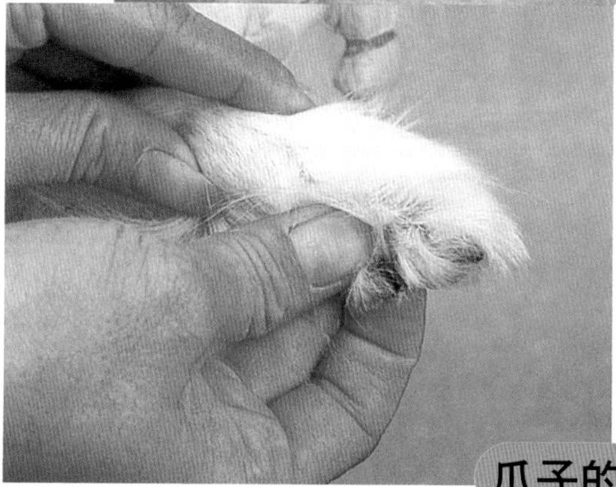

輕抓腳尖讓藏在毛裡的爪子露出來

爪子的抓法

COLUMN 爪子的構造和正確的剪法

狗狗的爪子也有血管和神經，需要定期修剪；但剪太多會流血，要特別小心。

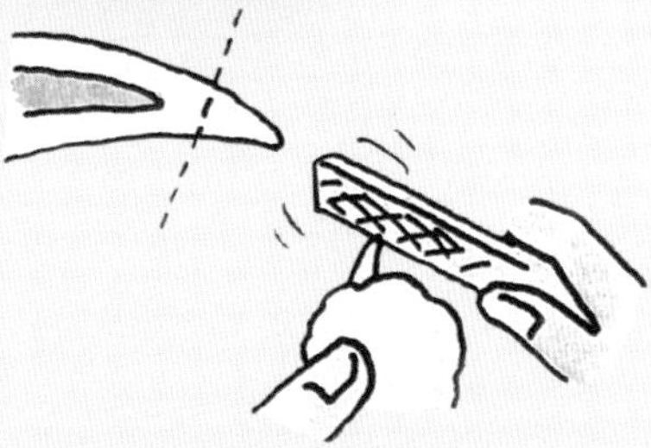

爪子的血管呈透明的粉紅色，從前面的部分剪下去，再用銼刀磨掉銳角。

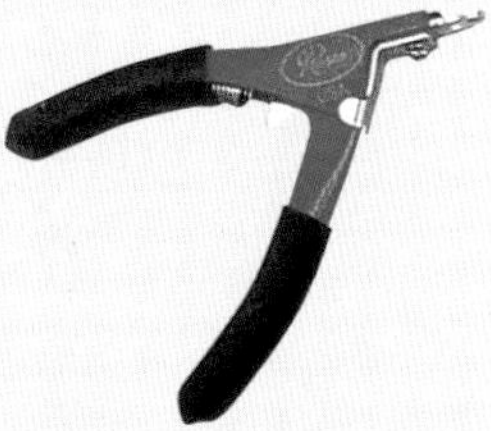

鍘刀式爪子剪——只要把爪子放到洞洞裡即可輕鬆剪掉；還有鉗子式或剪刀型爪子剪。

加入俱樂部尋找蝴蝶犬的同好

只要是蝴蝶犬的喜愛者，誰都可以自由加入這些俱樂部。
這也是經常感嘆找不到蝴蝶犬同好的人，發現許多好夥伴的機會。

蝴蝶犬俱樂部

http://www.246.ne.jp/papillon/club/index.html

蝴蝶犬俱樂部乃透過網路集結蝴蝶犬同好的聚會；主要活動都利用會員制（不公開）的電子郵件名單，互換有關蝴蝶犬的各項資訊，或在附近的公園舉辦戶外聚會。說是會員制的電子郵件名單，其實並無一定的會員資格規定，也沒有收取會費。相對地，也沒有所謂的會報或定期聚會。這裡所說的電子郵件名單，就是將某一郵件寄給主要的電子信箱後，在此登錄的人都可以收到同郵件的系統。只要是讀取這封郵件的人都可以參加。目前北由札幌南到沖繩，甚至是美國、中東或歐洲都有人參加。到 2000 年 12 月為止，加入電子郵件名單的人約有 700 人。郵件的內容從日常的照顧、教養，到疾病、犬展、競技比賽等等應有盡有。除此之外，還有比較屬於個人化的內容，採登錄制。蝴蝶犬俱樂部在每個區域都設有分部；每個分部也會舉辦聚會。

▲東京・用賀餐廳
（會員的結婚會場）

北海道・明葉會　埼玉・彩玉蝴蝶犬　千葉・千葉俱樂部　東京・水元公園分部　東京・蝴蝶犬俱樂部　東京・武藏野支會　神奈川・橫濱蝴蝶犬俱樂部　靜岡・靜蝴蝶犬俱樂部　愛知・東海分部　大阪・蝴蝶飛揚犬俱樂部　九州・蝴蝶犬俱樂部

詳細的參加辦法請上網參考網頁

聯絡人：神崎　良一

網址：papillon@246.ne.jp

▼東京・惠比壽的露天咖啡屋

蝴蝶犬俱樂部東海分部

http://nagoya.cool.ne.jp/tokaipapi/

即蝴蝶犬俱樂部東海分部；目前有會員 43 人，最近剛啓用網頁或電子郵件名單。一年約 1～2 次全體聚會，還有各地的小型聚會。

蝴蝶犬大集合

看看誰跑得最快？
加油!!

彩蝴蝶犬俱樂部

http://urawa.cool.ne.jp/papillonclub/

這是蝴蝶犬俱樂部埼玉方面的分部，以位在埼玉縣戶田市的彩湖・滿道綠公園為主要聚會地點。聚會的內容大多是戶外活動，如獨木舟、烤肉、野營或球類競賽等等。彩蝴蝶犬俱樂部的獨木舟活動，甚至遠征那珂川、荒川等溪流呢！

▲野營的盛況
◀彩湖上的獨木舟

蝴蝶犬報導

這是報導有關蝴蝶犬各種消息的迷你報，只要是喜歡蝴蝶犬的人都可以訂閱。內容十分充實，有愛犬介紹、育犬日記、犬展觀摩記、街角漫步等等。它屬於季刊，每年發行 4 次；入會費約 700 元，每年的年費為 1000 元。

蝴蝶犬報導服務處
〒 006-0034
札幌市手稻區稻穗四條 6-191-26
TEL & FAX:
011-694-6220
聯絡人：高松久美子

第9章

發情・交配與懷孕・生產的正確知識

第9章

以正確的知識擬定生育計畫

想讓愛犬生寶寶的話，需要正確的認知。

第一次生產對母狗的身心都是一大壓力

飼主應該具備的知識

當你爲蝴蝶犬的優雅魅力深深著迷後，一定很希望愛犬生下自己的寶寶吧？！

不過在付諸行動以前，狗狗是如何變爲成犬的？母狗要生小狗時怎麼處理等等，身爲飼主者應該知道的事情還有很多呢！

公狗和母狗的發情方式不同

如同五十二頁的敘述一樣，蝴蝶犬母狗在出生六～十個月左右，首次迎接性徵成熟且具有繁殖能力發情期。此後平均一年兩次，以六個月左右爲一發情週期。

不過，母狗首次的發情期還不適合交配，最好等身體和精神方面都成熟的一歲半以後，再讓牠嘗試交配與生產。之後直到五～六歲大期間，可說是狗狗最適合懷孕、生產、育兒的時期。

母狗一過發情期，就不喜歡公

COLUMN 仔細思考後再做決定

想讓狗狗生幼犬的話，必須先帶牠做健康檢查；萬一檢查出遺傳性疾病，就要有放棄交配的勇氣。再者，生下的幼犬要如何處置等問題，也要事先想清楚。因爲爲小小的新生命負責，正是飼主的責任啊！

狗的求歡，但是公狗可不一樣。公狗從十一個月大就可能具有性能力，甚至更早。長大之後，若受到發情母狗氣味的刺激，一年四季都可以交配。

慎選交配的對象

幼犬會從雙親身上遺傳許多的特質，若想繁殖身心都很優良的幼犬，一定要謹慎評估交配對象的血統、個性等細節。

一般來說，狗狗的交配都是由母狗的主人向公狗的主人提出要求。如果有熟識的朋友，或住家附近正好有健康，個性又好的蝴蝶犬，都可以向對方提出交配的要求。

如果附近沒有合適的對象，或想找隻血統更好的狗狗，可透過專業繁殖者或獸醫介紹適當的公狗。

交配前注意身體的狀況

決定交配的日期後，要注意狗狗的身體健康，讓雙方在交配那天處於最佳的狀態。母狗當天在家裡就要完成餵食、排尿和排便等事情。公狗的話，不要讓牠過度緊張以免無法交配。

想繁殖身心都很優良的幼犬，一定要謹慎評估交配的對象。

狗狗生產所需的費用

	內容	費用	備註
交配	交配費用（1 次）	6000～20,000 元左右	依交配對象有多種選擇，可自行評估。
	與認識的狗狗交配（酬金）	3,000 元左右或送幼犬	
懷孕	動物醫院檢查費（第 1 次）	800 元左右	依動物醫院有不同的收費。
	動物醫院檢查費（第 2 次）	1,500 元左右，含超音波檢查、食慾、體力、乳腺的變化等	
生產	去動物醫院生產	5,000～10,000 元左右，包括產後的照顧。	依動物醫院有不同的收費。
生產後	晶片登錄費	1,300 元（含晶片）	出生 90 天之後
	疫苗注射（第 1 次）	800 元左右	出生 55～60 天
	疫苗注射（第 2 次）	1,800 元（含萊姆病疫苗）	出生 90 天左右
	狂犬病預防注射	200 元	出生 3 個月以上

仔細觀察懷孕母狗的身體變化

注意身體的變化，讓母狗平安地生產。

交配後留意身體的狀況

有些狗狗在交配前後口味會改變，但這通常只是暫時的情形，可以改變飲食的內容，觀察狗狗適應的狀況。

等交配後一個月左右，若發現母狗沒有食慾、口味改變，變得不愛動的話，有可能是懷孕了。

狗懷孕是件很自然的事，飼主不必過度護，讓牠過著如同平日的健康生活。

不過，有時即使出現懷孕的徵兆，肚子看來也變大，但是體重卻沒有增加，應該是假性懷孕，最好讓獸醫用超音波確定是否真的懷孕了。

母狗的懷孕期間平均爲六十三天（大約九周），期間的飲食、運動或身體狀況都非常重要，飼主應多加留意，但也不要過度保護喔！

產箱的製作方法

●可利用厚紙箱、塑膠盒、木箱子或市售的狗籠。

1

產箱的空間要夠大，足以讓母狗平躺餵食其他的幼犬。

2

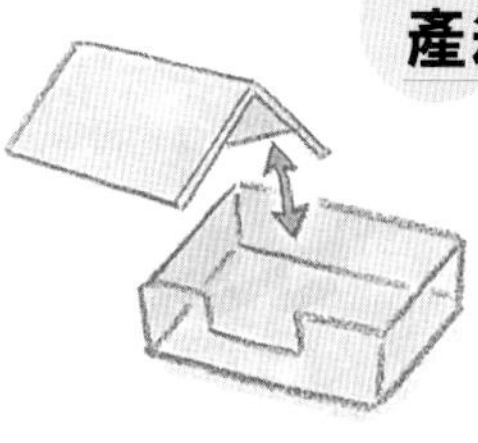

若母狗有點神經質很怕干擾，可幫牠做個活動式屋頂增加隱密性，拿掉時即可觀察裡面的情形。如果是跟飼主很親的母狗，則不需要增加屋頂。

3

產箱出入口的高度以足供母狗自由進出，但幼犬不會跑出去的 10～15 公分最適合。

4

產箱底部鋪個毛巾或毯子，髒了馬上換上新的，上面再加些碎報紙。

懷孕過程與注意事項	母體的變化	
提供高熱量飲食 增加餵食的次數 懷院中的母狗應給予高熱量、富含蛋白質的飲食。因發育中的胎兒會壓迫胃部，母狗無法一次吃太多，可增加餵食次數，讓份量稍微增加一些。	 外觀上幾乎沒甚麼變化。交配後 25 天，可請獸醫透過觸診或超音波，確定母狗是否懷孕了。3 周以後，母狗會出現食慾降低、口味改變、不太愛動等懷孕的徵兆，也開始有點輕微的嘔吐感。	前期
避免激烈運動 注意上下樓梯 一過了容易流產的懷孕初期，到接近生產爲止，還是可以繼續平日的運動。蝴蝶犬的話，炎熱的夏季運動時間短一些，早上 15～20 分鐘，傍晚約 15 分鐘即可，並避免上下樓梯等激烈的運動。	 第 4 周以後，母狗的體重逐漸增加，肚子或乳房也微微隆起。 等到第 6 周以後，母狗的肚子隆起得更明顯，連外陰部也出現鼓脹感。	中期
 確認預產期 從第 55 天起量體溫 請獸醫確認母狗的預產期與緊急聯絡方式。越接近產期，母狗體溫會下降，應從第 55 天起，早午晚一天量 3 次體溫，並一一加以記錄。	 這時母狗的體重迅速增加，肚子變得更大。過了 50 天以後，用手一摸，還可以感受到胎動。這時母狗的行動變得遲緩，乳腺腫脹，排尿次數增多。越接近產期，越沒有食慾，體溫也會下降。	後期

第9章

從陣痛到生產

可愛的小狗狗就要誕生了。

生產前要準備好產箱

在預產期之前的一～兩週以前，飼主就該爲母狗準備可以安心休息的產箱。像走廊或房間一隅等安靜稍暗的地點，或者是配合四季不會過熱或過冷的地方，都是適合放置產箱的地點。

產箱的位置也要是飼主眼光所及之處，放好以後先讓母狗進去適應。

其他像生產所需的物品，也要事先準備妥當。

狗狗生產所需的用品

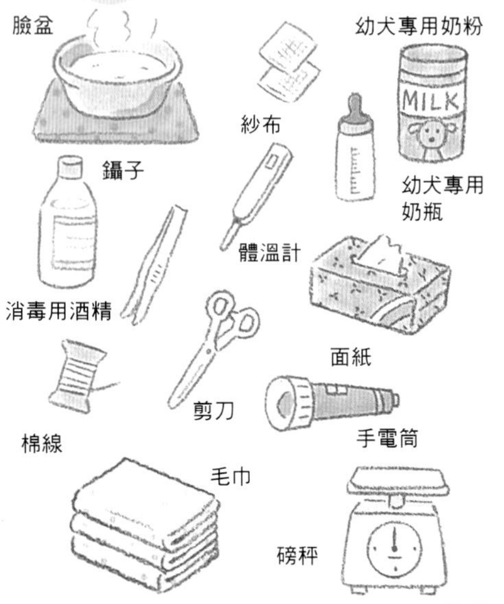

母狗騷動不安爲生產的徵兆

接近生產時，母狗會頻頻用前腳抓地板或地毯，或進入暗處或產箱，顯得焦躁不安。狗狗的平均體溫大約是三十八・三℃，從生產的前半天開始會降爲三十七度以下，生產前更低。如發現母狗快要生了，記得陪在一旁爲牠加油喔！

COLUMN 應該請獸醫幫忙的狀況

●陣痛期過長，破水超過一個小時卻還沒有生產的跡象。●幼犬還在肚子裡，卻已經沒有陣痛收縮了。●母狗生到一半卻生不出來。●其他的異常或因初產，飼主感到不安時。

母狗不關心時，需由飼主助產

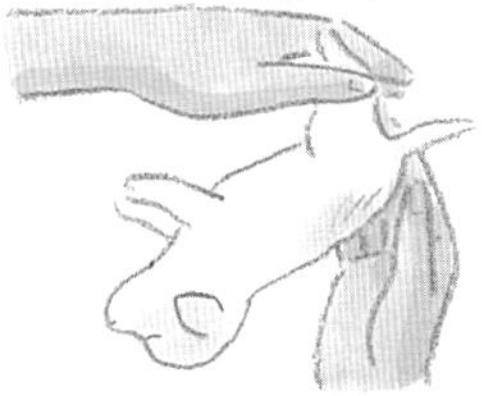

迅速剪破羊膜，倒吊著取出幼犬。

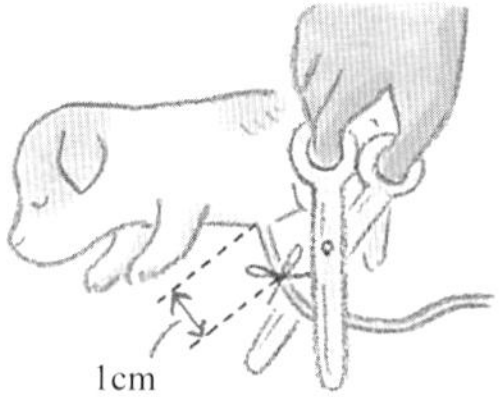

距臍帶根部 1～2 ㎝處綁上棉線，再剪斷臍帶。

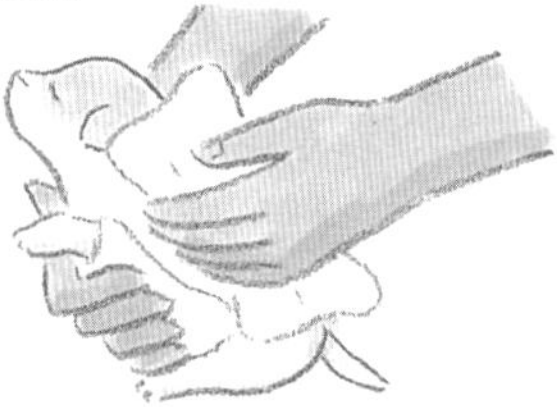

用乾淨紗布包裹幼犬的身體，迅速擦乾淨。

可愛的幼犬終於誕生了，先讓母狗好好地照顧牠們。

開始陣痛後很快會生小狗

母狗的陣痛間隔越來越短，越來越強烈時，表示牠快要生了。

母狗是順產、難產或需要剖腹，依母狗的狀況而不同；但蝴蝶犬的話，大多可以平安生產。平均生產頭數爲兩～三隻，以三十分～一小時的間隔生出小狗，必要時飼主可從旁協助。

COLUMN

幼犬沒有呼吸時怎麼辦？

剛出生的幼犬如果沒有呼吸，可能會夭折。若能在出生 15 分鐘內按摩幼犬的身體，有可能讓牠恢復意識。有時羊水阻塞口鼻也會讓幼犬窒息，可試著上下搖晃身體。

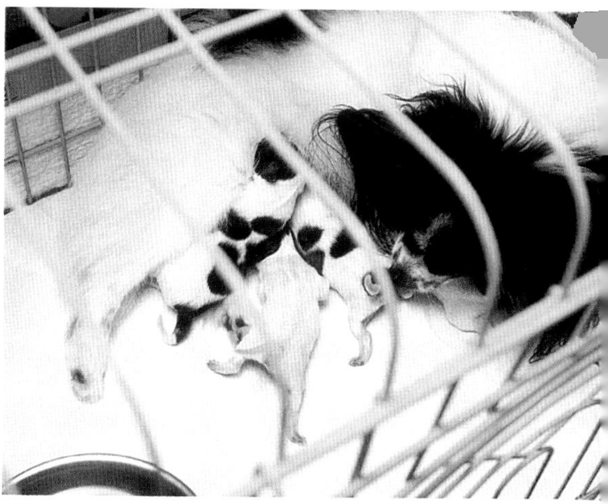

幼犬可以先交給母狗照顧

給母狗一個安靜照顧幼犬的環境。

可愛的幼犬誕生後，飼主別過度關注，免得讓母狗感到不安。

生產後的母狗需要細心的呵護

看到可愛的小狗誕生了，飼主可別太興奮，或急著想去抱牠們；因爲這時母狗對於幼犬被抱走一事會十分不安，還是先等一陣子。

生產後的母狗身心都相當敏感，飼主若過度干涉的話，牠可能就不想照顧幼犬了。所以，先在一旁仔細看護，讓母狗好好照顧牠的孩子吧！

結束生產大事的母狗，也耗費了相當的體力；生完兩週內要多留意母狗的身心健康。注意餵食的內容，和生產前一樣提供高蛋白、高熱量的食物。

COLUMN 初乳的功效爲何？

母狗的初乳含有豐富的免疫抗體，可讓幼犬在出生的 2～3 個月大內，免於疾病的侵襲，儘可能讓幼犬吸食乳汁。萬一無法喝到初乳，也要儘早帶幼犬注射預防疾病的混合疫苗。

給母狗充分的營養

母狗的授乳期約持續產後三週，這期間一定要提供牠足夠的營養。

尤其是從出生到一周～十天左右的初乳，更是含有豐富免疫抗體的營養成分，即使母狗不太想餵奶，飼主還是要儘量讓幼犬喝到初乳。

注意幼犬喝奶的情形

只要母狗的奶水充足，幼犬體重正常增加的話，表示牠們喝奶的情形很順利。有些幼犬比較瘦弱，可以讓牠們吸吮奶水多的乳頭，這樣所有的幼犬才能獲得均衡的營養。

萬一有身體虛弱的早產幼犬，無法自行吸吮奶水時，飼主就要代替母狗進行人工哺乳。

母狗不想餵奶時，需由飼主進行人工哺乳

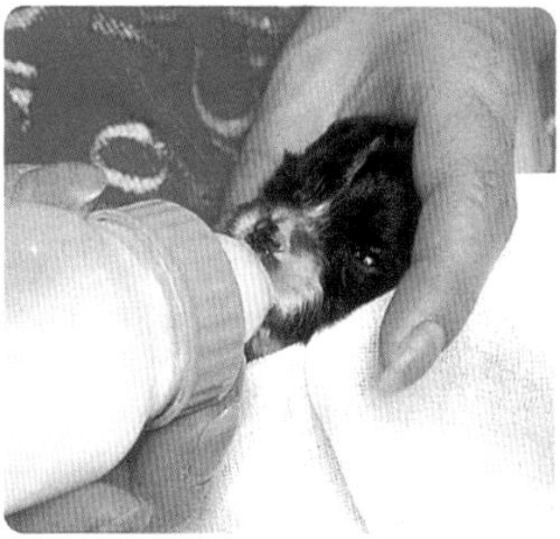

新生的幼犬會自行探索母狗的乳頭吸吮乳汁。萬一幼犬無法自行吸奶，或母狗不肯餵奶時，可用專用奶瓶沖泡幼犬專用奶粉進行人工哺乳。

人工哺乳需要的用品

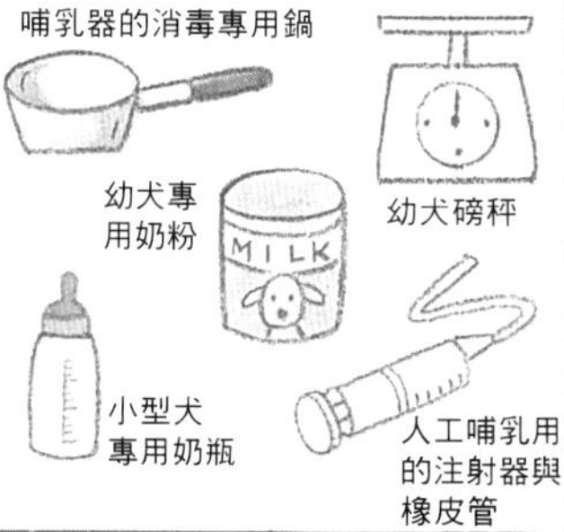

排便和排尿是母狗最早教導幼犬的生活本能；萬一母狗不教的話，需由飼主負責教導。

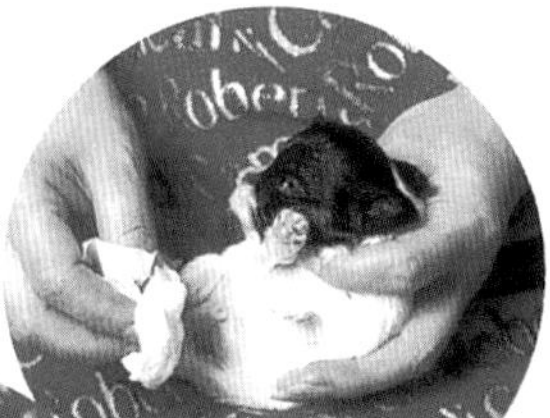

每次餵完後，再以脫脂棉或紗布沾溫水，輕輕刺激牠的肛門或尿道口促進排泄。

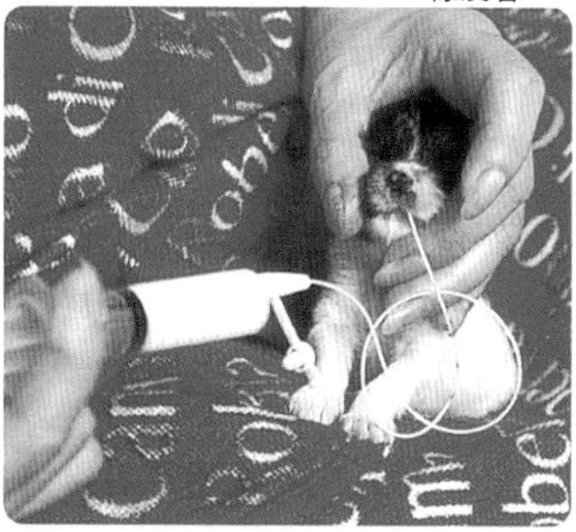

市面上有各種幼犬專用的哺乳器。虛弱的早產幼犬因爲吸吮能力不佳，可利用注射器進行人工哺乳。

第9章

長乳牙後準備斷奶

配合幼犬的發育，注意飲食的內容。

出生第三週後開始吃斷奶食品

除了母狗以外，幼犬也會因爲飼主的細心呵護迅速成長。幼犬十天大時，體重約爲出生時的兩倍；兩週大以後眼睛睜開，開始學習走路。

在幼犬二十一天大以後，開始長乳牙，和人類的嬰兒一樣，準備餵食斷奶食品。

起初先餵幼犬喝市面上的幼犬專用奶粉，讓牠逐漸適應母奶以外的食品，再增加固體食物的份量，約在四十五～五十天內完成斷奶。

成長期的幼犬和母狗一樣，需

從幼犬的發育狀態觀察其健康情形

1 **量體重**
以出生時的體重爲基準，每天測量體重是否順利增加。

2 **檢查大便**
有下痢或便秘現象時，重新檢討飲食內容、份量或濃度。

3 **檢查睡眠**
睡覺時呼吸聲音過大或急促，都可能有異常。

斷奶食品的製作方法

適合出生40天的幼犬

慢慢將食物換成乾狗糧，讓幼犬學習咀嚼。

像早上空腹時，可用白開水泡些乾狗糧給牠吃。

睡覺前讓牠喝些溫奶水，增加飽足感，以免空腹睡不著。

適合出生30天的幼犬

狗糧與白開水拌勻，再加些幼犬專用奶水，拌成粥狀。

剛開始用手指抹一些給牠嚐嚐，習慣後再倒入淺盤中食用。

遊戲時可以直接餵牠吃一顆狗糧，訓練咀嚼。

適合出生20天的幼犬

先準備幼犬專用的狗糧片和溫熱的奶水。

奶水中加一些狗糧片，拌成可以喝的粥狀食品。

觀察幼犬便便的狀態，慢慢增加狗糧片的份量。

要高熱量、高蛋白的食物，但也要注意幼犬的食慾或排便狀況，調整飲食的內容。

慢慢教牠記住如廁地點

一發現幼犬在原地轉圈圈，一副想上廁所的樣子，應馬上帶牠去如廁地點；如此反覆訓練一段時間，幼犬就會記住正確的如廁地點了。

COLUMN 至少等兩個月再讓幼犬與母狗分開

幼犬至少要等到兩個月大，才適合讓牠和母狗或其他手足分開。在幼犬與母狗或其他手足一起生活的幼犬期，可以學習狗狗社會的排序、服從或協調性等規矩。此外，也不要突然把牠和母狗分開，應該在三十天大以後，逐漸加長和媽媽分開的時間，讓牠慢慢適應。

爲了幼犬的幸福，飼主應該幫牠找到合適的新主人。

第9章

幫幼犬找到合適的新主人

爲了幼犬幸福，飼主一定要用心找到新主人。

找一個有責任感的新主人

面對一群新生的可愛幼犬，想要全部留下來飼養，可能會有居住空間不足或是照顧不周等難以解決的問題。

爲了幼犬今後的幸福著想，飼主還是儘早幫牠找到可以安心託付的新主人吧！

如果有合適的人選出現，飼主一定要親自和牠談一談；甚至讓牠看看想養的幼犬，確認對方是否眞有足夠的責任感。

尋找新主人的方法——

透過熟人或朋友

若彼此非常熟識的話，比較容易溝通與掌握幼犬之後的狀況。

透過寵物店

如果有信譽卓著的寵物店，也可以試著和對方商量看看。

透過動物醫院

在這裡比較容易找到因愛犬身故想要新狗狗，或想要再養第二隻狗狗的主人。

透過愛犬雜誌或地方新聞

也可以透過愛犬雜誌，或當地的新聞報導，找到合適的新主人。

透過網路

從相關網站或網頁，尋找合適的新主人。

保護幼犬免於傳染病的威脅

有些傳染病，會讓遭到感染的幼犬出現極高的致死率，因此要帶狗狗定期注射各種疫苗。

喝母奶的幼犬可於出生六十天以內，注射第一次的混合疫苗；等三週～一個月後，再注射第二次混合疫苗。經過四週後，注射第三次混合疫苗。在完成疫苗注射以前，先不要帶狗狗出去，避免被其他犬隻感染。至於可怕的狂犬病，飼主在幼犬三個月大以後，一定要帶牠注射疫苗。

犬瘟熱	接觸病犬或透過空氣都會感染。潛伏期約一週，高燒後會出現呼吸困難、下痢、血便、痙攣或神經症狀等，致死率相當高，即使痊癒有時還是會出現後遺症。
犬傳染性肝炎	感染途徑爲病犬的唾液或糞尿等排泄物。症狀爲高燒、下痢、嘔吐、腰痛、口乾舌燥、眼淚異常增加等，小狗死亡率很高。一旦發病就沒有藥物可治療，一定要事先注射疫苗加以預防。
犬病毒性腸炎	由病犬的排泄物或透過人體的間接感染。症狀有突發的劇烈嘔吐和下痢、血便，體力急遽衰微，在日本也稱爲「犬隻霍亂症」。從發病到死亡時間很短，要即刻集中做治療。
犬鉤端螺旋體症	由病犬、鼠尿、下水道或水溝引起的傳染。症狀爲反覆嘔吐、黃疸、口腔黏膜或舌頭潰瘍、嚴重眼屎、尿毒症或脫水現象。一旦發病，致死率高達六～八成。
犬副流行性感冒	由犬副流行性感冒病毒與其他病毒混合感染引起的傳染病。病犬的氣管、支氣管和肺部都有發炎現象，劇烈咳嗽爲其特徵。
狂犬病	爲感染力超強的傳染病，包括人類在內的其他哺乳類動物也會被感染。一旦被發病的動物咬傷後，會從傷口感染。目前還沒有治療的方法，患者最後會引發急性腦脊髓炎而死亡。

晶片登記與血統證明書

依據動物保護法寵物登記管理辦法規定，幼犬出生四個月內要做晶片注射及寵物登記，每年還要注射狂犬病與其他的傳染病疫苗。

母狗如果持有育犬協會的血統證明書，幼犬最好也在三個月以內，完成血統登錄的手續。至於登錄方法或費用，依每個育犬協會而不同，從血統證明書的申請到發行，大約兩週即可完成申請。

爲了幼犬的健康，一定要預防疾病的傳染。

國家圖書館出版品預行編目資料

蝴蝶犬教養小百科 / 宮家　昭 / 監修：中島眞理 /
攝影；高淑珍 / 譯. -- 初版. -- 臺北縣新
店市：世茂, 2004 [民 93]
面；　公分. --（寵物館；10）

ISBN 957-776-605-6（平裝）

1. 犬—飼養　2. 犬—訓練　3. 犬—疾病與防治

437.66　　93004713

寵物館 10

蝴蝶犬教養小百科

監　　修：宮家　昭
攝　　影：中島真理
審　　訂：朱建光
譯　　者：高淑珍
主　　編：羅煥耿
責任編輯：王佩賢
編　　輯：陳弘毅、李玉蘭
美術編輯：鄧吟風、錢亞杰

發 行 人：簡玉芬
出 版 者：世茂出版社
登 記 證：局版臺省業字第 564 號
地　　址：（231）台北縣新店市民生路 19 號 5 樓
電　　話：(02)22183277
傳　　真：(02)22183239（訂書專線）
　　　　　(02)22187539

劃撥帳號：07503007
戶　　名：世茂出版社　單次郵購總金額未滿 200 元（含），請加 30 元掛號費
酷 書 網：www.coolbooks.com.tw
電腦排版：辰皓國際出版製作有限公司
印 刷 廠：祥新印製企業有限公司
法律顧問：北辰著作權事務所
初版一刷：2004 年 4 月

定　　價：200 元